# 老科技工作者科普奖励机制与政策研究

刘燕华 王文涛 张玉虎 李宇航 著

图书在版编目（CIP）数据

**老科技工作者科普奖励机制与政策研究**/刘燕华等著. —北京：商务印书馆，2022
ISBN 978-7-100-21196-3

Ⅰ.①老… Ⅱ.①刘… Ⅲ.①科学研究工作—奖励制度—研究—中国 Ⅳ.①G322

中国版本图书馆 CIP 数据核字（2022）第 091001 号

**权利保留，侵权必究。**

**老科技工作者科普奖励机制与政策研究**
刘燕华　王文涛　张玉虎　李宇航　著

商 务 印 书 馆 出 版
（北京王府井大街36号邮政编码100710）
商 务 印 书 馆 发 行
北京市白帆印务有限公司印刷
ISBN 978-7-100-21196-3

2022年8月第1版　　开本 880×1230　1/32
2022年8月北京第1次印刷　印张 8 3/4
定价：58.00 元

# 序 言

当今世界正处百年未有之大变局，新一轮科技革命和产业变革深入发展，国际力量对比深刻调整，全球科技创新发展的中长期态势也在发生重大变化。党的十九届五中全会强调，"坚持创新在我国现代化建设全局中的核心地位，把科技自立自强作为国家发展的战略支撑。"与此同时，《中共中央关于制定国民经济和社会发展第十四个五年规划和二〇三五年远景目标的建议》中提到"弘扬科学精神和工匠精神，加强科普工作，营造崇尚创新的社会氛围。"科普事业是坚持我国创新驱动发展过程中必不可少的部分。习近平总书记在《不忘初心，守正创新为建设创新型国家再立新功——中国老科学技术工作者协会 30 年》指出"老科技工作者人数众多、经验丰富，是国家发展的宝贵财富和重要资源。各级党委和政府要关心和关怀他们，支持和鼓励他们发挥优势特长，在决策咨询、科技创新、科学普及、推动科技为民服务等方面更好发光发热。"其中，科学普及作为科技领域的基本功，需要受到广大老科技工作者的关注。为了调动这一群体在科普工作中的积极性，鼓励其参与到科普工作中来，设立一个专门面向老科技工作者科普工作的奖项是十分必要的。

近年来，虽然国内对科普奖励的重视程度提高，但主要是面向全年龄段或青年的奖项。大多数老科技工作者在这些奖项中参与感并不高。专门设立老科技工作者科普奖和科普作品奖可以激发广大老科技工作者们的工作和创作热情，提高他们的荣誉感，更重要的是充分发挥这支队伍的优势和能力，对国家和民族的科技水平与人民素质的提升大有裨益。

《老科技工作者科普奖奖励机制与政策研究》这本书以大量的奖项资料为基础，全面阐述了老科技工作者科普奖和科普作品奖的设立背景与方法。在设立背景方面，主要对国内外科普奖项的发展现状、我国科技科普奖励体系及我国老科技工作者的现状展开了论述；在设立方法方面，本书依据国内外科普奖项设立特点对老科技工作者科普奖和科普作品奖设立的设置模式、运行机制和激励机制进行了探讨。

这本书对科技奖励和科普奖励领域的研究人员有很强的实用性，想要了解科普及科普奖，尤其是老科技工作者科普的详细内容，不妨读读此书。我也建议广大老科技工作者们阅读此书，对书中的相关描述多多给予指导和帮助。

王　浩<br>中国工程院院士<br>2022 年 4 月

# 前　言

老科技工作者是一支门类齐全、技术精湛、具有高度敬业精神的专业人才队伍。他们长期奋斗在科研、教育、文化、卫生和工农业生产等各个领域，积累了丰富的实践经验，是我国科技人才队伍的重要构成。除此之外，在我国的科普人力资源中，有一支以老科技工作者为主的科普志愿者队伍。实施《全民科学素质行动计划纲要》以来，这支科普志愿者队伍明显扩大、科普工作日益活跃。他们已经成为基层组织科协的得力助手，促进了全民科学素质行动计划在基层城乡社区、学校的落实。

当前，新一轮科技革命和产业变革加速演进，谁牵住了科技创新这个"牛鼻子"，谁就能抢占先机、赢得优势。"不积跬步，无以至千里；不积小流，无以成江海。"扎实科普工作基础，方能提高全民科技素质，有利于实施创新驱动发展战略。而老科技工作者具备专业素质高、工作经验丰富、时间充足的优势是落实科普工作最适合的群体。但是，国内目前的科普奖励大多针对全年龄段或青少年，老科技工作者的参与感较弱。为了激发老科技工作者科普工作的积极性，同时加大对其在科普贡献的宣传，我们试图设立针对老科技工作者的科普奖。为此，本书借鉴国内外科技及科普奖励设立办法，结合老科技工作者开展科普工作的成效和影响力，研究老科技工作者科普奖和科普作品奖的设置模式、运行机制和激励机制等内容。为下一步奖项的具体设立提供方向，同时也为我国社会力量奖的设立提供借鉴和帮助。

全书分为四章，第一章主要论述研究背景意义及老科技工作者科普奖和科普作品奖急需设立的时代背景，同时阐述了设立科普奖的实施办法和技术路线；第二章主要研究国外科普奖和科普作品奖的发展现状，深度挖掘国外奖项的设立经验；第三章主要研究国内科技奖励和科普奖励体系发展现状，包括国家级、各部委级、各省市级及社会力量奖励，分析老科技工作者基本情况及科普贡献；第四章从奖励设置模式、运行机制以及激励机制研究老科技工作者科普奖和科普作品奖设立的具体实施方案。

本书由刘燕华总体指导，由王文涛、张玉虎、李宇航编写提纲、统稿。本书章节分工如下：第一章由王文涛、张玉虎编写；第二章由张玉虎、孙闯编写；第三章由李宇航、邹凯波编写；第四章由王文涛、黄云洁编写。

本书的研究工作得到了中国科协创新战略研究院科研项目（2020–PGS–005）的支持，以及首都师范大学张玉虎教授团队的帮助，特此向支持和关心本研究工作的所有单位和个人表示衷心的感谢。作者还要感谢出版社同仁为本书出版付出的辛勤劳动。书中部分内容参考了有关单位或个人的研究成果，均已在参考文献中列出，在此一并致谢。作者水平有限，虽几经改稿，书中错误和缺点在所难免，欢迎广大读者不吝赐教。

作　者

2021 年 5 月

# 目 录

序言

前言

第一章 绪论 ……………………………………………………… 1
  第一节 老科技工作者科普奖励概况 …………………………… 1
  第二节 研究方法和技术路线 …………………………………… 8

第二章 国外科普奖和科普作品奖发展现状 ………………… 10
  第一节 国别情况 ………………………………………………… 10
  第二节 科普奖项分类分析 ……………………………………… 52
  第三节 小结 ……………………………………………………… 71

第三章 国内科技奖励和科普奖励体系发展现状 …………… 75
  第一节 国内科技奖励体系 ……………………………………… 75
  第二节 国内科普奖励体系 ……………………………………… 126
  第三节 老科技工作者现状及科普贡献分析 …………………… 151
  第四节 小结 ……………………………………………………… 181

第四章　中国老科技工作者科普奖和科普作品奖设立 …… 188
　　第一节　国际科普设奖模式总结 ……………………… 188
　　第二节　老科技工作者科普奖和科普作品奖设置模式 …… 192
　　第三节　老科技工作者科普奖和科普作品奖运行机制 …… 199
　　第四节　老科技工作者科普奖和科普作品奖激励机制 …… 210
　　第五节　小结 …………………………………………… 215

**参考文献** ………………………………………………… 217
**附录 1**　2018 年全国科普统计分类数据 ………………… 219
**附录 2**　2005～2019 年国家科技进步奖中科普作品获奖
　　　　　名单 ………………………………………………… 229
**附录 3**　2019 年全国优秀科普作品名单 ………………… 232
**附录 4**　《国家科学技术奖励条例》……………………… 240
**附录 5**　《省、部级科学技术奖励管理办法》…………… 248
**附录 6**　《社会力量设立科学技术奖管理方法》………… 251
**附录 7**　《科技部关于进一步鼓励和规范社会力量设立
　　　　　科学技术奖的指导意见》……………………… 261
**附录 8**　部分国外科普奖项网址 ………………………… 267

# 第一章 绪 论

## 第一节 老科技工作者科普奖励概况

### 一、老科技工作者

随着世界经济的快速发展和老龄化进程的加快,老科技工作者已然成为一种战略资源。老科技工作者是处在成熟期的高素质人才,是一支门类齐全、技术精湛、具有高度敬业精神的专业人才队伍。他们长期奋斗在科研、教育、文化、卫生和工农业生产等各个领域,积累了丰富的实践经验,具有较高的专业技术水平,是我国科技人才队伍的重要构成(艾银生,2011)。近年来我国老科技工作者人数已达到 600 多万,占我国在职科技人员总数的 15%。有高级职称的老科技工作者所占全国高级职称科技人员的比例更大,其中大部分老科技工作者的能力没有充分发挥(李寿钊等,2014),存在大力开发的潜力。除此之外,我国老科技工作者逐渐成为科普宣教的"生力军"和"引路人",有近七成老科技工作者愿意在科普领域释放余热,其中科学研究人员(36.9%)、行政管理人员(36.8%)、工程技术人员(35.5%)、大学教师(34.8%)、医务人员(33.2%)将科普作为继续为社会服务的第一选择(李慷等,2019)。2016 年 2 月,中共中央办公厅、国务院办公厅印发《关于进一步加强和改进离退休干部工作的意见》，进一步对做好离退休干部工作提出了要求，强调要主动适应协调推进"四个全面"战略布局和人口老龄化的新形势新要求，积极应对离退休干部队伍在人员结构、思想观念、活动方式、服务管理等方面的新情况新问题，更加注重发挥离退休干部的独特优势，引导广大离退休干部做出新贡献，建立老科技工作者资源开发激励机制。

## 二、科普奖项现状

2004年，国家将科普奖纳入国家科技奖励。各地方、全国性学会以及社会公益组织也逐步设立科普作品奖项，在发挥激励和导向作用方面取得了一定成绩。但大多数科普奖项存在历史较短、缺乏大众影响力的问题。一方面在于部分科普奖项管理不够规范，运行机制不完善；另一方面相应奖项的激励机制单一，对提升老科技工作者的工作热情作用较小。将老科技工作者的科普工作纳入国家科学技术奖励体系，是从国家层面对老科技工作者为科技发展和社会进步贡献的肯定，有助于增强全社会对科普工作意义和价值的认识。国家在完善科技人才流动、吸引等方面政策机制的同时，应出台特殊鼓励政策，对有贡献尤其是科普领域的老科技工作者要加大奖励力度，设立面向老科技工作者的相应奖项，吸引更多的老科技工作者为社会效力。目前中国老科学技术工作者协会设立了"中国老科协奖"，国家和地方也有科普方面的奖项设置，但是缺乏针对老科技工作者科普奖和科普作品奖的设置。因此，研究设立老科技工作者科普奖和科普作品奖，提出相应奖项的设置模式、运行机制及其激励机制，对推动老年科技工作者继续参与科技创新、科学普及具有重要的理论和现实意义,繁荣老科技工作者科普创作,服务我国老科技工作者科普工作和科普创作的良性发展,为科普事业发展注入源头活水。

(一)国外情况

国外关于科普方面的奖项发展较早,历史较长。大部分奖项都未对年龄进行限制。这些科普类奖项评奖经验丰富,评奖方法成熟,评奖标准详细,有值得学习和借鉴之处。

美国科普奖励起步较早。1956年,美国为鼓励青少年从事科学宣传,设立了"西屋科学奖讲座系列",奖励活动中的优胜者。该活动每年一次,每次12个讲座,利用周末进行,迄今已举办了47届,极大地提高了青少年的科技兴趣,培养了不少科普爱好者。近年来,美国大力开展公众理解科学的宣传,推动科学技术走近公众。美国科学促进会设立了华盛顿科学写作奖和威斯汀豪斯科学著作奖,奖励学术著作和科普写作的成果,奖金为1 000美元。英国早在19世纪举办的科技年会上就安排有关专家进行科普讲座,并对讲座专家予以表彰。1975年,英国科学促进会和三叉戟电视集团设立了一项旨在鼓励科学思想及其传播方面成就的奖励,授予奖章和1 000英镑奖金。1986年,英国皇家学会设立了"迈克尔·法拉弟奖",鼓励科学家为促进科普教育做贡献。候选人由皇家科普教育学会向皇家学会推荐,每年评选一次,获奖者获一枚镀银奖章和1 000英镑奖金。同时由皇家学会安排获奖人向公众做一次科普讲座。1988年,为鼓励更多更好的科普作品问世,为公众提供最新的科学营养,英国皇家学会科普教育委员会、皇家研究所、英国科学促进会和科学博物馆共同创立了"朗-普伦斯科学书籍奖",表彰奖励最佳科普作品。

澳大利亚 1990 年设立了"尤里卡奖",在奖励的六个领域中,科普最受重视。如"尤里卡科学普及奖""尤里卡科学书籍奖""尤里卡科学新思维奖",鼓励科学家把科技成果介绍给普通读者,鼓励出版高质量的科普书籍,增进公众对科技事业和科学家的了解,提高他们的科技素养,奖金为 1 万澳元。在南美巴西,近年来设立了"何岩·赖斯(Jose Reis)科学宣传奖",着重表彰在科普宣传、科技新闻等方面有突出贡献的科技人员和机构。该奖由科学理事会评选,发给获奖者奖章、证书及 4 500 美元奖金。

亚洲一些国家对科普事业有着难解的情缘。联合国教科文组织颁发的科普奖——"卡林加奖金",就是印度工业家帕特奈克 1951 年捐助创立的。卡林加奖金奖励在全球范围内普及科学知识方面贡献突出者,每年颁发一次,奖金 1 000 英镑,奖品为一枚爱因斯坦奖章和一张奖状。候选人由联合国教科文组织成员国委员会提名。联合国教科文组织负责评审与颁奖。1987 年 2 月,印度政府还专门设立了"国家科普奖",并于 1988 年由国家科技交流委员会组织实施,且在每年的国家科技日颁发,以提高该奖的影响。该奖主要授予下列三个方面:授予在科学技术普及方面或在提高人们的科技兴趣方面做出突出成绩,并在国内外有一定影响的个人和机构,奖励 10 万卢比、奖章和奖状;授予在宣传媒体上发表与本国有关的科技方面的报道,选拔获奖者时,将主要参考候选人在提高读者、听众和观众对科学的兴趣爱好等方面;授予在推广普及科学知识和提高儿童在科学兴趣方面做出突出成绩,在国内外有广泛影响的机构和个人,奖励 5 万卢比、一个铜质奖章和奖状。韩国政府和社会各界对科普给予了积极关注。在设立于 1968 年的"韩国科学技术奖"中,为奖励科普方面有贡献的人员,设立了"振兴奖"奖项,促进科普宣传和科技著作出版等方面的工作。1990年,韩国三星集团福利基金会在设立的"湖岩奖"中,把大众科技传播作为一项重要奖项。

总体来说,以英美为代表的西方国家颁发科普奖项持续时间较久,运行机制也较为成熟,公众影响力也较大。这些奖项中只有较少的几个对年龄进行了限制,大多数的奖项鼓励老科技工作者进行科普工作。总体上看,20世纪80年代以后,为加强科学技术的传播和宣传,增大公众对科技进步的支持力度,国外科普奖励出现了一些新的势头。这些科普奖励,对激励老科技工作者走向社会,让科技走进公众,促进科学技术的普及和推广,起到了积极的作用。

(二)国内情况

为繁荣科普创作,为科普事业发展注入源头活水,2004年中国将科普奖纳入国家科技奖励。2018年度国家科技进步奖榜单上,共有三个科普项目获奖(二等奖)。其次在地方上,各地也专门为科普设立科普创作奖(表1-1)。科协和科普作协是设奖主体或主要推动力量,各地评奖连续性不一,评奖以精神鼓励为主,通常不设或少设奖金。以中国科普作家协会为首的全国性协会为鼓励科普创作也设立了很多奖项(表1-1)。除此之外,也有一些公益组织者比如中国科普研究所高士其基金会、吴大猷学术基金会设立涉及科普或科普作品奖。其中吴大猷科普著作奖由吴大猷学术基金会主办,中国科学报社和台湾中国时报开卷周报合办,专注于科普著作,在华语创作中也拥有较高的影响力(王志芳,2013)。从2001年设立开始,该奖项评选每两年一届,至今已举办10届,设有少量奖金。

表 1–1　全国性协会及地方科普创作奖项

| 名称 | 设奖协会/单位 | 奖项连续性及奖金情况 | 年龄条件 |
|---|---|---|---|
| 中国科普作家协会优秀科普作品奖 | 中国科普作家协会 | 前身为"全国优秀科普作品奖"，2008年设立，两年一届，颁发证书和奖杯 | 无 |
| 世界华人科普奖 | 世界华人科普作家协会 | 2013年首次评选，两年一届 | 无 |
| 王麦林科学文艺创作奖 | 中国科普作家协会 | 2014年设立，每两年评选一次，共举办两届 | 无 |
| 环保科普创新奖 | 中国环境科学学会 | 2007年设立，至今已举办5届 | 无 |
| 上海市优秀科普作品奖 | 上海市科协 | 1980、1986、1990、1993、2004年各评一次，无奖金（今年） | 无 |
| 天津市优秀科普作品奖 | 天津市科协 | 2013年首次评选，两年一届，已举办两届，曾有奖金 | 无 |
| 江苏省优秀科普作品奖 | 江苏省科协、省文明办、省科技厅等 | 2013年举办第一届，2016年第四届，一等奖3000元 | 无 |
| 山东省科普创作协会优秀科普作品奖 | 山东省科普作协 | 2003年首评，后中断；2015年恢复，两年一届，无奖金 | 无 |
| 上海科学技术普及奖 | 上海市市科委 | 2019年首届评选 | 无 |

2016年，以中办、国办《关于进一步加强和改进离退休干部工作的意见》精神为指导，中国老科学技术工作者协会设立了"中国老科协奖"，对先进集体与先进个人进行了积极表彰，截至2020年已成功举办了4届，发挥了重要的积极作用。但"老科协奖"中没有突出科普工作的贡献，科普奖和科普作品奖也亟需研究设立。

综上，我国科普奖项多是由中宣部、科技部、国家新闻出版署、中国科协、中国科普作家协会等政府部门、事业单位、协会（学会）主办。数量众多，形式多样，但大多历史较短，间隔较长，未能形成一个稳定的长效机制。除"国家科技进步奖""吴大猷科普著作奖"等少数奖项设有奖金外，其余科普图书评奖活动均是一种荣誉表彰。个别奖项如"中国科普作家协会优秀科普作品奖""北京市优秀科普作品奖"等虽在设奖之初有少量奖金，但在后来的评奖活动中也逐渐取消，改为精神奖励，只颁发证书和奖杯（李叶等，2019）。为繁荣老科技工作者科普创作，服务我国老科技工作者科普工作和科普创作的良性发展，结合实际情况设立一个具有大众认可度和社会影响力的奖项十分重要。因此，开展老科技工作者科普奖和科普作品奖如何科学设立的研究是十分必要的。

为借鉴国外经验，通过文献检索和政策分析，梳理分析国外（美国、日本、英国、法国等）关于科普奖和科普作品奖的设置模式、运行机制和奖励机制，包括奖项体系结构和奖项客体组成、评审和提名方式、激励机制以及表彰形式等；通过定量研究的方法统计分析国外科普奖项设立比例和评价指标；通过文献整理和座谈走访等方式对全国31个省、市、自治区的老科协组织进行调研，并且利用统计学方法厘清国内老科技工作者参与科普工作的基本现状，包括专业领域分布、健康工作年限以及在现有科技奖励体系下的获奖情况；同时对国内现有科普奖项的设立和运行机制以及实施效果进行总结。

依据我国老科技工作者科普现状，借鉴参考国外老科技工作者科普奖设立特点与优势，提出设立老科技工作者科普奖的设置模式、运行机制与激励机制等。设定老科技工作者科普奖项体系结构和授予对象；确立评审流程，包括推荐、形式审查与受理、评审形式、报批及颁奖等；引入定量评选方式建立老科技工作者科普奖评价指标体系；确定奖项激励机制、表彰形式及资金来源等。通过前期统计分析老科技工作者在不同科普领域和不同科普方式特点，提出建立科普作品奖的设置模式、运行机制与激励机制等；划定参评科普作品种类、奖项类别和获奖数量；建立详细、客观、量化的评审标准和指标体系；确定项目评审专家的遴选实施办法等。

## 第二节　研究方法和技术路线

本项目研究方法涉及文献资料调研、实地调研、专家研讨及实证研究四个方面，具体如下：

（1）文献资料调研。本项目将围绕国内外科技奖项以及科普奖和科普作品奖等内容进行文献资料的搜集和整理，概括老科技工作者的科普工作现状和国外老科技工作者科普奖设立特点与优势。

（2）实地调研。本项目将对老科协组织、相关政府部门以及公众等进行实地调研和问卷调查。问卷采取结构化问卷的方式，依托问题的设置主要考察四个方面的内容：态度与意愿、方法与渠道、影响因素与效果、鼓励与改进。广泛听取各方的意见，确保调研结果的真实性。

（3）专家研讨。本项目将围绕老科技工作者开展科普工作的成效和影响力，不同科普领域和科普方式的特点，以及老科技工作者科普奖和科普作品奖的设立等专题问题，邀请国内外相关专家参与专题研讨会，交流和总结经验。

（4）实证研究。通过图表等形式，利用调研数据验证老科技工作者参与科普活动的行为，对老科技工作者参与科普工作的现状、意愿、态度、方法、效果进行系统研究。

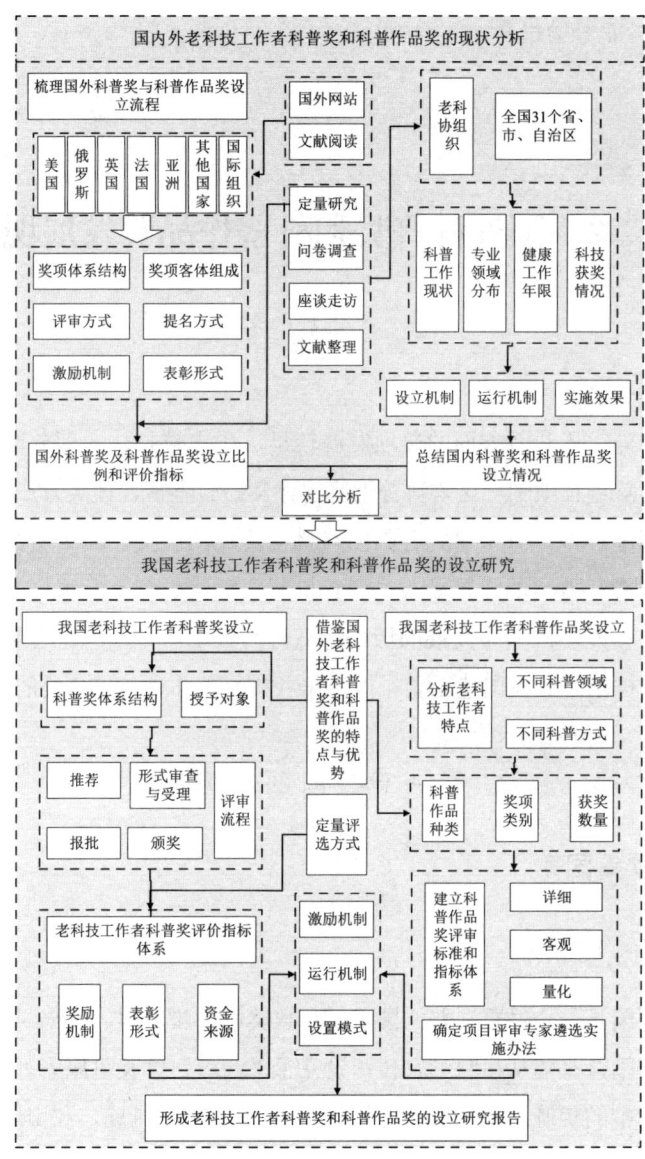

图 1-1 技术路线

# 第二章　国外科普奖和科普作品奖发展现状

国外关于科普方面的奖项发展较早，历史较长。大部分奖项都未对年龄进行限制。这些科普类奖项评奖经验丰富，评奖方法成熟，评奖标准详细。分析研究各国的科普类奖项的历史，对于研究老科技工作者科普奖的设置模式、运行机制、激励机制具有很好的借鉴意义。按照各国科技发展的历程，从时间维度对各国的科普奖进行梳理，提出其对我国建立老科技工作者科普奖和科普作品奖的启示。

## 第一节　国别情况

### 一、欧美国家

（一）美国

美国是一个注重科普的国家，科普奖励起步较早。1956年，美国为鼓励青少年从事科学宣传，设立了"西屋科学奖讲座系列"，奖励活动中的优胜者。该活动每年一次，每次12个讲座，利用周末进行，迄今已举办了47届，极大地提高了青少年的科技兴趣，培养了不少科普爱好者（杨娟，2014；姚昆仑，2005）。近年来，美国大力开展公众理解科学的宣传，推动科学技术走近公众（党伟龙等，2012a；党伟龙等，2012b；杨琴琴，2014）。在政府的支持下，美国科学促进会（American Association for the Advancement of Science，AAAS）设立了华盛顿科学写作奖（AAAS-George Washington Science Writing Award）和威斯汀豪斯科学著作奖（AAAS-George Westinghouse Science Writing Award），奖励学术著作和科普写作成果（尚智丛等，2009），并在 2010 年设立了"科学事业起步公众参与奖"。该组织从 1945 年开始至今共设立各类科普奖项 10 余项，这也从侧面反映了美国对科学普及的重视程度。以下分别从科普图书奖和科普传播奖两个类别介绍美国的部分科普奖项。

**1. 美国科普图书奖**

以美国而言，科普图书具有一定的影响力，这些科普图书奖项包括：

（1）美国科学教师协会的"优秀科普图书奖"（NSTA-Excellent Science Trade Books Prize）。该奖设立于 1996 年，是由美国科学教师协会（National Science Teaching Association，NSTA）与美国儿童图书委员会（The Children's Book Council）联合颁发的年度奖项。评选对象为前一年出版的中小学生课外科普读物（美国的中小学义务教育简称 K–12，12 年级相当于我国的高三），但学校教材不属于此类。

（2）美国科学作家协会的"社会科学奖"（Social Science Award）。该奖始于 1972 年，分设图书奖、评论奖、科学报道奖与地方性科学报道奖。此奖所针对的图书，并非一般意义上的大众科普读物，专指新闻报道类著作。

（3）美国科学教师协会的"青少年优秀科学图书奖"（Outstanding Science Trade Books for Students K–12）。"青少年优秀科学图书奖"

始于1973年，由出版商联盟提供参奖作品及奖金支持。该联盟是由美国科学教师协会与儿童读物委员会合作成立的一个涵盖美国出版商与图书包装制作商在内的，为青少年提供科普图书的非营利行业协会。他们的目标在于依据一系列标准，通过评选委员会科学化地讨论与甄别，为青少年提供一个优秀科普图书书目清单。该书目清单包括书名、作者（文本与插图）、出版商、图书国际标准编号、页码、不同版本价格、适龄读者、主要内容概述、推荐者以及符合哪些国家科学教育标准等基本信息。该奖项每年一次，2002年以前主要是为K–8年级的学生评选优秀的科学图书。从2002年开始该奖项延伸至高中即K–12年级，针对不同阶段即K-2、K3-5、K6-8、K9-12年级推荐与评选优秀科普图书。该奖项每年将从出版商联盟提交的约250本图书中评选出约40本作为获奖图书。

评委成员由美国科学教师协会与儿童读物委员会共同任命，主要包括科学领域的专家、教授、教师、课程协调员、图书工作者等。每年仲夏，评委会成员会收到出版社联盟提交的图书。评委们必须在本年11月的第一周完成对每一本书的阅读与评论，11月中旬会在纽约儿童读物委员会办公室举行相应的会议，选出最终获奖图书。评委成员将对每一本被选图书做出注解与评价。本获奖书目主要侧重10种类型的图书，即考古学、人类学、古生物学、个人传记、地理与空间科学、环境与生态、生命科学、物理科学、综合科学、科学相关职业、工程与技术等，近几年又做出了新的分类，即融科学概念与过程于一体类、科学本质与历史类、科学探究类、物理科学类、健康科学类、地理与空间科学类等。获奖书目的评选标准主要从插图、版式设计、体裁、内容四方面着手，把每一个方面分为五个等级（从0到4，0表示最低分，4表示最高分），分别进行评分。

一般而言，评委们会把大部分时间花在图书内容的斟酌上，比如一本人物传记就应该传达出"人物丰满的个性特征"。内容方面，第一是要精确，书中的信息要符合现在的科学思维方式；第二，书中不包含任何错误信息与错误概念，书中的事实不能过于简单以保证不会造成误导；第三，普遍性的原理必须要有现有研究与近期发现的支撑；第四，任何给孩子推荐的活动、调查、实验都应该给予一个基本理解规则与探究方式的引导；第五，被推荐的活动必须是安全的、可行的，与孩子的年龄水平相适应；第六，内容的呈现要有逻辑，观点明确，内容中的材料需考虑孩子的年龄水平；第七，对于充满争议的科学理论，要尽可能多地呈现多种视角；第八，内容深度需考虑阅读对象，也要考虑国家科学教育标准；第九还需考虑图书的文本和插图，确保插图是准确的，大小、颜色、规模须有适当的尺寸与格式，整体布局合理等。该书目是从每年新出版的 250 多本科普图书中选出约 40 本，由此我们能够看出大量的图书是没能达到该奖项所设置的标准。如 2020 年，该奖项从 289 本参评图书中选出了 35 本，包括了从动物（秃鹰）到化学元素（镭）等多方面的主题内容。

（4）美国科学促进会的"斯巴鲁 SB&F 优秀科学图书奖"（AAAS/Subaru SB&F Prize for Excellence in Science Books）。"斯巴鲁 SB&F 优秀科学图书奖"是美国科学促进会（AAAS）下设的一个图书奖项，每年评选一次，始于 2005 年。其最初的目的在于回顾近十年来优秀的科学书籍以及纪念长时间以来给青少年科学图书做出重要贡献的五位作家和一位插画家。从 2006 年开始，该奖项表彰最近出版的适合个人阅读的科学书籍，目的在于鼓励作者为不同年龄段人群创作适合他们阅读的科学类书籍。美国科学促进会认为这些优秀的科学图书能帮助这一代人以及下一代人更好地去理解与欣赏科学。另外该奖项除了强调科学书籍的重要性，也想鼓励孩子与青年人能够把注意力转向科学书籍，不仅仅只是为获得信息更是能够享受科学书籍的阅读。该奖项主要奖励四类图书的创作，分别是儿童科学图画书（奖给作者与插画者）、中年级科学图书（奖给作者）、青年人科学图书（奖给作者）、实践类科学图书（奖给作者），获奖者会获得1 000美元的奖励与一枚奖章。科学促进会会在每年的年会上公布获奖信息。

评委会由美国科学促进会与SB&F成员任命，主要由科学家、科学素养专家与图书馆领域的专家等组成，并依据每一种图书的标准对申请图书做出评价。该奖项涵盖科学的方方面面，如科学、数学、技术、医学、科学史、科学家传记等。提交书目的通道于每年的4月2日到9月5日开放。这些书必须是第一年9月到次年9月内出版的。由于该奖项涉及四类图书，因此在标准方面存在异同。共同的标准有：适合目标读者；科学内容或过程的解释无严重的错误或缺陷；重要的科学概念不存在偏见与成见；科学图书要有一个明确的目的，清晰的组织，呈现的科学概念必须准确等。儿童科学图画书标准：根据2061计划（20世纪80年代由美国促进科学协会制订，目的是使美国儿童适应2061年彗星再次临近地球时科学技术和社会生活的发展变化），这本书能帮助孩子端正对学习科学、数学、技术等方面的积极态度；根据2061计划的标准，这本书能够激发孩子的好奇心，让孩子对周围的环境与大自然的运作产生兴趣；书中需对从事科学工作人员的性别、年龄以及背景交代清楚；书中插图能够吸引读者并有助于完善和提升文本；书中插图能够清晰地表达科学概念；插图为儿童提供另一种检查科学概念的方式。中年级科学图书标准：根据 2061 计划，该书能让青少年感受到科学的趣味，并且帮助青少年反思他们所接触的科学；书中描述的科学是探究性的并且鼓励读者提问；书中应标明不同性别科学工作者参与科学的不同年龄、背景。青年人科学图书标准：图书能够把青年读者吸引到科学上来；图书是为吸引青年与成年读者，因此要考虑两种群体感兴趣的科学主题；能够促进对科学的理解与讨论；根据 2061 计划对思维习惯的要求，本书鼓励青年读者对科学技术有所思考，既不是全盘否定也不是盲从。实践类科学图书标准：本书包含有趣的和令人兴奋的调查，让读者了解到有更多的东西值得我们去探索；活动必须是探究性的，鼓励读者以提出好问题的方式去探究科学概念；活动是开放性的，能够帮助读者发展探究能力与解决问题的能力，引导读者成为终身学习者。2021 年 1 月 26 日，美国科促会宣布共有四本图书获得该奖，分别是 *Mario and the Hole in the Sky: How a Chemist Saved Our Planet*（伊丽莎白·卢什（Elizabeth Rusch）著）、*Can You Hear the Trees Talking?: Discovering the Hidden Life of the Forest*（彼得·沃勒本（Peter Wohlleben）著，雪莱·田中（Shelley Tanaka）译）、*This is a Book to Read with a Worm*（乔迪·惠勒-托彭（Jodi Wheeler-Toppen）著）和 *This is a Book to Read with a Worm*（艾妮莎·拉米雷斯（Ainissa Ramirez）著）。

（5）美国图书馆协会的"罗伯特·F·塞伯特信息图书奖章"（Robert F. Sibert Informational Book Medal）。美国图书馆协会（American Library Association，ALA）成立于 1876 年，是世界上最古老和最大的图书馆协会，目的在于为协会成员、图书管理员、图书馆使用者提供协会信息、资源、新闻等。"罗伯特·F·塞伯特信息图书奖章"是该组织下设的奖项，始于 2001 年，目的在于纪念前一年对儿童文学领域做出重大贡献的信息类英文图书。该奖项是年度奖，每年一次。获奖作者与插图作者将会获得一块铜质奖牌。该奖项中的信息类图书是指那些通过文字书写与插画作品来呈现、组织和解释有据可依的事实性材料的图书。所谓重大贡献是指该图书是如何很好地阐明、澄清和再现它的主题。评委们会从整本书的精确度、文本、组织、视觉材料与图书设计加以考虑。儿童文学是指该书是将孩子作为一个预期和潜在的读者，而这种类型的书会体现出对孩子理解力、阅读能力、欣赏能力的尊重。获奖图书的受众对象年龄段为 0～14 岁，因此获奖图书应考虑到所有年龄范围。原著是指除作者与画家以外无其他人参与创作，且该书是第一次发表并且没有以其他形式发表在其他地方，同时书首次发表在美国并在之前未在其他国家发表过，若同时发表在美国和其他国家则也被视为原创。图书评奖标准主要从语言、视觉呈现、科学主题以及是否符合目标读者需要等方面考虑。如使用精彩、独特、吸引人的语言与视觉呈现形式；文本组织恰当，事实、概念、观点的呈现是清晰准确的、令人兴奋的；视觉材料与图书设计相协调；主题呈现风格恰当，适合目标对象；其他支持性的特征，如索引、目录、地图、时间线等；尊重孩子的兴趣。不是每本书都要符合以上每个元素，而是和这些元素尽量相关。图书语言必须是英语。一般每年会评一个金奖，多个荣誉奖。2020 年由凯文·诺布尔·梅拉德（Kevin Noble Maillard）撰写的 *Fry Bread: A Native American Family Story* 夺得金奖，2021 年由坎迪斯·弗莱明（Candace Fleming）撰写的 *Honeybee: The Busy Life of Apis Mellifera* 获得金奖。

（6）美国大学优等生荣誉学会的"科学图书奖"（The Phi Beta Kappa Award in Science Book Award）。美国大学优等生荣誉学会"科学图书奖"始于 1959 年，主要提供给对科学文献做出重要贡献的科学家，目的在于促进对物理学、生物科学、数学方面的科学文化解释。入选图书申请时间为前一年四月到次年三月。该奖项发布的时间是每年十月，都是美国出版的优秀学术著作。获奖者需参加每年 12 月的颁奖典礼并发表简短的演讲。专著和概要是没有资格参选的，参选的科学家传记必须要对科学家的科学研究给出一个实质性的关键评价点。作品必须是原创，翻译作品、先前发表的作品都不被接受。作品中若包含部分以前发表过的文章，但作品有非常清晰的统一的思路而并非随意地拼凑，那么该书也是有资格参选的。作品应包含广泛的趣味，而不应该有高技术性的特征，也不应该只局限于狭隘的学科趣味。专题论文与学术报告都不被接受。所有作品的主题和风格都是适合普通大众读者的。作者必须是美国公民或永久居民。作品最初必须是由美国出版商出版。如果多卷作品的单卷或其中的几卷是独立的也能参选。每本书只能参与一个奖项的评选。原则上出版商为每个奖项只提供一个整体的作品，如果提供某部作品的一部分，则需要提供评选章节的题目。

（7）美国图书馆协会的"STS 奥伯利农业或自然科学书目奖"（STS Oberly Award for Bibliography in the Agricultural or Natural Sciences）。"STS 奥伯利农业或自然科学书目奖"也是美国图书馆协会下设的奖项之一，该奖项始于 1923 年，当时是为了纪念 1908~1921 年美国农业部职业产业局的图书管理员奥伯利·尤妮斯·罗克伍德。她是国会联合委员会政府雇员中的植物产业局的代表，职责在于协助识别更公平的图书馆活动。该奖项两年一次，在单数年颁奖，主要奖励在农业领域和相应科学领域最好的英语图书。获奖者将获得奖牌与现金奖励。奖金主要靠个人与供应商组成的基金会提供，基金会成员包括美国农业信息网络、阿格维基金会、国家农业图书馆协会、植物和园艺库安理会和嘉吉公司信息中心。本奖项评价对象是前两年发表的农业或相关科学领域内的纸质版或电子版图书，图书可能是一部专著、一个系列作品的一部分或者是正在出版的作品。语言必须为英语。主要考量标准包括书目的精确度、范围、有用性、形式以及一些扩展性的介绍、注释、目录等。2019年由道格拉斯·卡伦（Douglas Karlen）和洛里·佩拉克（Lorrie Pellack）获得该奖，两人花费长时间撰写了名为"Iowa Crop Variety Yield Testing：A History and Annotated Bibliography"的文章。该文章提供了历史背景，并附带有详尽的带注解的书目，从而确定了农业领域并使其成为可被发现的关键原始资料，为科普大众提供农业领域的知识。

（8）"华盛顿儿童图书协会非小说奖"（Children's Book Guild Nonfiction Award）。儿童图书协会非小说奖设立于1977年，目的在于鼓励为小读者创作的非小说类文学。非小说主要指这样一种作品，即在组织与构思、阐述方面主要借助有证据可依的事实，而非借助想象力的发挥，涉及的领域有科学、技术、社会科学、历史、传记、艺术。任何在世的美国作家、插画家、作家兼插画家都有资格申请。委员会成员共五名成员，包括两名活跃的协会成员，通常是由协会指定一名主席，再包括一名作家或插画家，再加上一名有与孩子一起工作的经验丰富的成员，第五名成员是由华盛顿邮报来任命。委员会主席一般是服务一年，由儿童图书协会会长与前任委员会主席决定，成员代表也是由主席选定。委员会在决定获奖者方面会接受来自协会成员的建议，但最终决定权是由委员会独立行使的。每年六月会做出奖项评选的公告。评选委员将会选择一个尽可能大范围的图书进行阅读，到本年秋季将会得出一个候选名单，再通过一些会议与对候选名单更细致的阅读，选取最终的获奖者。至 2007 年，每年奖项发布时会举办一次宴会，时间与儿童图书周一致，都在 11 月份。

该奖项是由儿童图书协会与华盛顿邮报联合承办，每位获奖者需要做 30~40 分钟的演讲，主题由获奖者自定。2008 年起，协会成立了一项新的庆祝和接待传统，奖项发布时间改为每年 4 月份。由于新冠肺炎大流行，2020 年的颁奖活动被推迟，颁奖典礼将于 2021 年 5 月举行。本奖项最主要考虑的标准即优秀的文本与插图。文本要清晰准确，具有文学特性。插画家的艺术呈现能够有助于作品的整体呈现。书中包含令人兴奋的观点，事实陈述能吸引年轻读者。"吸引读者"即书中的文本与插画能够使读者产生愉悦、好奇、兴奋感，同时还能使读者有进一步追求知识的渴望。除此之外，还有一些特殊标准，如要考虑获奖作者的不同年龄段的平衡分布，奖励给部分并没有被评论界所关注的作者。持续出版的高质量图书也被作为一个标准，即该奖项还会第二次授予十年内在该领域依然保持领先的图书。2019 年，该奖项得主为卡罗尔·波士顿·韦瑟福德（Carole Boston Weatherford），得奖理由是她的书通过仔细地介绍个人和主题，并经常使用不同的诗歌风格吸引年轻读者。她的一些书不仅讲述了莉娜·霍恩等著名人物的故事，也将一些鲜为人知的人物带给了更多的读者，展示了从 17 世纪到今天非洲裔美国人的历史。

**2. 美国科普传播奖**

（1）美国科学促进会"公众参与科学奖"（AAAS Mani L. Bhaumik Award for Public Engagement with Science）。由声誉卓著的美国科学促进会颁发的年度奖项，始于 1987 年，原名"公众理解科技奖"（Award for the Public Understanding of Science and Technology），

授予那些在科学普及方面做出卓越贡献的科学家和工程师。获奖者获得 5 000 美元奖金和一枚纪念章，并报销赴 AAAS 年会领奖的差旅费。这是一个重量级奖项。获奖者皆为业内知名人士，如哈佛大学生物学家爱德华·威尔逊（Edward O. Wilson）因积极倡导生物多样性，于 1994 年荣膺该奖；全球科普界标志性人物、美国康奈尔大学天文学教授卡尔·萨根（Carl Sagan）因终身致力于向公众宣扬科学技术的价值、美妙和前景而获奖。这个奖项标准较为宽松，凡书籍、文章、广播、讲座、博物馆展览等科普活动，皆在考虑之中；凡 AAAS 附属组织或大学、政府、媒体、研究机构乃至个人，均可提名候选人，不限国籍，而且被提名者资格常年有效。但为避嫌，AAAS 的雇员不能被提名。该奖一大特色是不仅授予个人，也授予科普团体或项目。如 1993 年获奖者为密歇根州立大学的科学剧场（Science Theatre）（一个大学生志愿者科普组织），通过演出、展览等方式在当地中小学巡回活动。从 2019 年度开始，该奖项由量子物理学家马尼拉·巴克米（Mani L. Bhaumik）授予并命名。巴克米因其在准分子激光技术方面的进步而享誉国际。他希望提高对工作中的科学家所做的杰出贡献的认可。这些科学家以使公众了解和参与的方式传播科学。在这一新基金的赞助下，该奖项越来越注重公众参与。公众参与活动强调与各种公众进行对话，通常是由于公众互动、要求或需要而产生的。具体来说，这些活动被定义为个人的努力与公众参与的科学或技术相关的问题，促进科学与社会之间有意义的交流。

（2）美国科学促进会的"事业起步公众参与科学奖"（AAAS Early Career Award for Public Engagement with Science）。这是"公众参与科学奖"的姊妹奖，始于 2010 年，特别针对那些处于职业早期

（入职七年以内）的青年科学家和工程师，博士后也包括在内。其他评选规则和奖励标准都与"公众参与科学奖"类似。2018 年约翰娜·瓦纳（Johanna Varner）获得此奖，瓦纳的主要公众参与是通过公民科学参与计划（Citizen Science Engagement Programs），帮助志愿者了解自然世界，思考气候变化对当地的影响，并参与科学所有方面的项目。

（3）美国科学促进会的"卡弗里科学新闻奖"（AAAS Kavli Science Journalism Awards）。AAAS 的"卡弗里科学新闻奖"是一个历史悠久的年度系列奖项，始于 1945 年，旨在鼓励科学记者写出面向大众读者的优秀科技报道，现由卡弗里基金会（The Kavli Foundation）赞助并冠名。目前，按报道的载体不同分设报刊、电视、广播、网络四个类别，另外加上"儿童科学新闻"，一共五大类。报刊下面又细分为大报（large newspaper）、小报（small newspaper）和杂志三小类；电视下面又分现场新闻、专题报道和深度报道。每篇报道可获 3 000 美元奖金，并适当报销作者赴 AAAS 年会领奖的差旅费。在 2020 年，特雷西·冯德·布林克（Tracy Vonder Brink）获得金奖。获奖的内容是给儿童介绍了帮助科学家从逆戟鲸（也称为虎鲸）中找到漂浮粪便的保护犬艾巴（Eba），并讲解了科学家获取粪便可以得到哪些信息。在此奖项上有 13 位科学工作者多次获奖，近年来较为出名的是卡尔·齐默（Carl Zimmer）（分别在 2004 年、2009 年和 2012 年获得金奖）和罗伯·斯坦（Rob Stein）（分别在 1997 年、2014 年和 2020 年获得金奖）。

（4）美国国家科学委员会的"公共服务奖"（National Science Board Public Service Award）。国家科学委员会是美国国家科学基金会的领导机构，于 1998 年设立了这个年度奖项，以表彰通过大众传媒、娱乐、教育、培训等方式对公众理解科学做出卓越贡献的个人或团体。该奖虽由政府机构美国国家科学颁发，但只针对民间组织，政府的下属机构不予考虑。该奖每年评出个人奖和团体奖两项奖励，如 2020 年个人奖颁给了理查德·拉德纳（Richard Ladner），团体奖颁给了马亚·阿贾默拉（Maya Ajmera），此人为科学与公众学会（Society for Science & the Public）的主席和首席执行官。

（5）美国国家研究院的"传播奖"（National Academies Communication Awards）。这是美国国家研究院下属的国家科学院（National Academy of Sciences）、国家工程院和医学研究院联合设立的一个年度系列奖，由凯克基金会的"首创未来"项目资助。该奖始于 2003 年，只面向美国前一年度出版或发行的英语科普作品。目前包含四个类目：①图书；②报纸和杂志报道；③广播、电视和电影节目；④网络作品。每一类目优胜者奖励 2 万美元，2009 年为该奖项的最后一届。

（6）美国科学作家协会的"社会科学新闻奖"（Science in Society Journalism Awards）。由美国科学作家协会（National Association of Science Writers，NASW）颁发的年度系列奖项，始于 1972 年。与英国科学作家协会相仿，NASW 也是一个科学记者的联合组织，因此该奖主要适用优秀的科学报道，在 2020 年奖项类目由四个更变为五个，分别是图书类（Book Category）、科学报道类（Science Reporting Category）、科学特刊类（Science Features Category）、长篇叙事类（Longform Narratives Category）、系列类（Series Category）。每一类目最终优胜者享有 2 500 美元奖金、获奖证书，及适度报销赴会领奖的差旅费。评奖规则中特别指出，与普通公众无关的专业性科技进展报道不予考虑，除非它具有普遍的社会意义。电视纪录片包括在报道之中。

（7）美国科学教师协会的"法拉第科学传播人士奖"（Faraday Science Communicator Award）。由美国科学教师协会（National Science Teachers Association，NSTA）与著名的"探索频道"联合颁发的年度奖项，始于2003年。该奖跟皇家学会的"迈克尔·法拉第奖"相似，亦为纪念法拉第而设，旨在奖励增进公众理解科学的杰出个人或团体。评选标准为：①个人。不能是专职教师，但可参与一些教育性活动，如在博物馆、科学馆、动物园、国家公园、水族馆等场所，或广播、电视、网络等媒体上从事科学传播活动者。②团体或组织。热心科学传播活动的全国性或地方性组织。颁奖宴会将在NSTA全国科教大会（NSTA National Conference on Science Education）期间举办，获奖者享受参会领奖的全额差旅费报销，可获得大会发言机会，名单在NSTA刊物上公布。

（8）美国科学教师协会的"杰出非正式科学教育奖"（Distinguished Informal Science Education Award）。由美国科学教师协会颁发的年度奖项。所谓"非正式科学教育"，指在学校课堂之外的地点如科技馆、博物馆、社区科学中心等处向公众或青少年传授科学知识，其实就相当于我国的科普教育。该奖亦只面向非专职教师，但须为NSTA会员。获奖者在NSTA全国科教大会的颁奖宴会上接受正式嘉奖，并享受三个晚上的免费食宿及500美元差旅费补助。

（9）美国国家海洋和大气局的"科学传播人士奖"（NOAA Science Communicator Award）。由美国国家海洋和大气局颁发的年度奖项，全称"丹尼尔·阿尔布里顿博士杰出科学传播人士奖"，为纪念高层大气物理学实验室前主任丹尼尔·阿尔布里顿而设。他善于通过生动形象的方式向非专业人士（包括政策制定者、教育家、普通公众等）解释专业知识。该奖始于 2008 年，只针对 NOAA 成员。

（10）美国物理联合会"科学传播奖"（Science Communication Awards of the American Institute of Physics）。由美国物理联合会颁发的年度系列奖项，始于 1968 年，奖励上一年度物理学、天文学等相关领域的优秀科普作品。奖金为 3 000 美元、一份证书及报销赴会领奖的差旅费等。目前，该奖分三个类别：①科学写作，即面向普通公众的成人科普作品；②儿童写作，只限为 15 岁以下儿童撰写的科普类书籍、新闻特写、网络文章等；③新媒体，即发表于网络上的科普类博客文章、新闻报道、多媒体作品（如播客、幻灯片、视频）等。任何人均可自由提交参赛作品，然后由美国物理联合会邀请著名科学家与记者组成评委会进行筛选，但须注意：①必须是英文作品；②同一作者，每年最多提交三部作品；③如某作品为团体劳动成果，奖金亦由团体分享；④为了避嫌，美国物理联合会雇员或评委会成员的作品，不能提交；⑤前一年度的获奖作者，不能连续提交；⑥同一作者，最多获奖不超过三次。2020 年，美国物理联合会将此奖项按科学写作（书籍）、科学写作（报纸，杂志和在线文章）、广播与新媒体、为儿童写作分为四类，替代之前记者、科学家、儿童文学家、广播评论员四个类别。

（11）美国物理联合会"安德鲁·格门特奖"（Andrew Gemant Award）。由美国物理联合会颁发的又一个年度奖项，始于 1987 年，因物理学家安德鲁·格门特的临终捐赠而设立，旨在奖励"从文化、艺术、人文维度对物理学做出突出贡献者"。获奖人赢得 5 000 美元现金，并可指定向某学术机构追加用于科普的 3 000 美元专款。往届获奖者包括史蒂文·温伯格、史蒂芬·霍金、劳伦斯·克劳斯等。2020 年的安德鲁·格门特奖授予杰拉尔丁·考克斯（Geraldine Cox），获奖原因是"她通过视觉艺术和其他媒体表达深刻的物理概念，以创新的方式吸引大量人，并分享她对表达物理真理的热情"。

（12）美国物理教师协会的"克劳普施泰格纪念奖"（Klopsteg Memorial Award）。由美国物理教师协会颁发的年度奖项，始于 1990 年，为纪念美国物理教师协会（American Association of Physics Teachers, AAPT）创始人和前主席保罗·克劳普施泰格而设，授予那些将当代物理学知识普及于社会公众的杰出代表。该奖在 AAPT 夏季年会上颁发，获奖者可得到一定现金、一份证书以及赴年会领奖的差旅费报销，并须在大会上做一次面向非专业听众的物理讲座，相当于领奖致辞。如 2008 年获奖者为纽约城市大学教授、美籍日裔理论物理学家加来道雄（Michio Kaku）。他的讲座题目《不可思议的物理》（*Physics of the Impossible*）其实也是他一部新著的书名。

（13）美国化学学会的"向公众阐释化学——詹姆斯奖"（James T. Grady-James H. Stack Award for Interpreting Chemistry for the Public）。由美国化学学会颁发的年度奖项，始于 1957 年，旨在鼓励借助各种媒体和手段，增进美国公众理解化学及相关学科的杰出人士。奖励内容包括 3 000 美元现金、一枚大奖章、一个礼盒、一张证书及赴会领奖的差旅费报销。如 1965 年获奖者为著名科幻小说家和科普作家艾萨克·阿西莫夫（Isaac Asimov），他著有《阿西莫夫论化学》（*Asimov on Chemistry*）等科普读物。2012 年获奖者为资深科学记者保罗·雷伯恩（Paul Raeburn），他曾为诸多主流报刊和科普杂志撰写了数以千计的科学报道，并现身"科学星期五"等科普电视节目。2020 年获奖者为牛津大学物理化学名誉教授、林肯学院研究员彼得·阿特金斯（Peter Atkins）。

（14）"美国数学联合政策委员会传播奖"（JPBM

Communications Award）。由美国数学联合政策委员会下属的美国数学学会、美国数学协会、美国统计协会、工业与应用数学学会联合设立的奖项。始于 1988 年，每一至两年颁发一次，旨在鼓励将数学知识和思想普及给公众的数学家或其他人士，奖金 1 000 美元。

（15）美国科学学会主席团理事会"卡尔·萨根公众理解科学奖"（Carl Sagan Award for Public Understanding of Science）。美国科学学会主席团理事会由美国数十家科学基金会和科学共同体的领袖所组成，在科技政策方面对美国政府拥有很强的影响力。为了促进公众理解科学、鼓励更多像卡尔·萨根（Carl Sagan）（1934~1996年）一样热心科普的专业人士，美国科学学会主席团理事会于 1993 年设立了这个年度奖项，萨根同时亦是第一位获奖人。该奖既颁给个人，也颁给某团体或某项目；既颁给科学家，也颁给新闻工作者。往届获奖人包括：爱德华·威尔逊（1994 年）、《科学美国人》（*Scientific American*）编辑约翰·伦尼（John Rennie）（2000 年）、《纽约时报》著名专栏作家托马斯·弗里德曼（Thomas L. Friedman）（2009 年）等。又如，"比尔·奈科学小伙"节目和美国著名科普杂志《大众科学》（*Popular Science*）分别于 1997 年、2004 年获奖。

（16）美国天文学会"卡尔·萨根奖"（Carl Sagan Medal）。由美国天文学会行星科学部颁发的年度奖项，全称"卡尔·萨根行星科学卓越公众传播奖"。该奖亦为纪念卡尔·萨根而设，始于 1998年，授予那些热心向公众普及行星科学知识、激发公众天文兴趣的在世科学家，年龄和国籍不限。如 2005 年获奖者大卫·莫里森（David Morrison），NASA 资深科学家，地外文明探索（Search for Extra-Terrestrial Intelligence, SETI）项目成员，反伪科学组织"怀疑探索委员会"（Committee for Skeptical Inquiry，CSI）理事会成员。

2019年获奖者凯莉·纽金特（Carrie Nugent），表彰其在公共沟通方面的卓越表现，为公众提供了关于行星科学研究的广泛而深入的见解。

（17）"卡尔·萨根科普奖"（Carl Sagan Prize for Science Popularization）。这是一个美国加州旧金山湾区的地方性科普奖，由位于该地区的非营利性科教组织奇妙之旅（Wonderfest）设立，始于2002年，旨在纪念卡尔·萨根，并激励当地科研人员投身科普活动。每年由奇妙之旅咨询委员会提名候选人，董事会决定最终人选，奖金5 000美元。如2006年获奖人为斯坦福大学生化教授、诺贝尔化学奖得主保罗·伯格（Paul Berg）。

（二）俄罗斯

俄罗斯联邦在科技创新和科普方面制定和实施了一系列重要的计划和项目。2017年，俄罗斯联邦政府颁布"科学普及、科学技术和创新活动的计划"（2019~2024年）。2000至今，俄联邦政府颁布的与科普相关的重要计划如下："俄罗斯2002~2005年出版印刷资助计划""俄罗斯2002~2006年科学与高教一体化计划""2002~2010年电子俄罗斯目标计划""2019~2024年科学普及、科学技术和创新活动计划"等（《创新研究报告》，2020）。在奖励科普活动或者科普图书方面，各类奖项设立有10余种，以下是部分俄罗斯科普奖项的介绍：

（1）俄罗斯教育科学贡献金质奖章。2011年11月俄罗斯科学院设立了一项科学金质奖。该奖项每五年评选一次，在每年的"俄罗斯科学日"以俄罗斯科学院主席团的名义颁发。首枚金质奖章授予在苏联时期和当今俄罗斯最著名的科普专家、俄罗斯科学院物理研究所高级研究员、数学物理科学博士谢·彼·卡皮察，以表彰他在科学领域，特别是多年来在普及科学知识方面做出的突出贡献。众所周知，俄罗斯科学事业经历了剧烈的动荡，发展到今天依然能够这样后继有人，老一辈科学家对科学知识的宣传和普及功不可没。主要对以下三个研究方向的优胜者颁发：①教育哲学、教育学和心理学领域的实用和基础性研究；②现代条件下教育组织机构管理问题的实用和基础性研究；③俄罗斯教育体系中教育内容、教育进程、教学进程和科学研究现代化方面的科学方法与规划研究。奖章由俄罗斯教育部颁发。

（2）俄罗斯教育科学成就奖。奖励在俄罗斯教育领域中，对科学和实践活动具有重要意义的科学著作者、科学发明者和研究者，凡是从事基础和实际科学研究的个人和集体均可参加评选，由俄罗斯教育部颁发。

（3）优秀科普文章大奖赛。对科学话题感兴趣并关注科学知识普及的人士均可参加，于1998年设立，为年度奖项，由俄罗斯基础研究基金主办、英国委员会赞助、俄罗斯科学杂志学会协办，一等奖500美元、二等奖250美元、三等奖150美元、特别奖奖励订阅两年《自然》和《科学和技术创新消息》杂志。

（4）俄罗斯优秀科普著作奖。俄罗斯国家所有的科学家和专业人员、新闻工作者和电视、广播、电影和其他大众媒体的创作人员，1995年设立年度奖项，颁奖在每年的2月。俄罗斯科学院主席团根据作品评选，结果代表科学院，颁发俄罗斯科学院主席团会议荣誉证书。

（三）英国

英国作为科技奖励事业的诞生地，早在19世纪举办的科技年会上，组织者安排有关专家做科普讲座，并对讲座专家予以表彰。1975年，英国科学促进会和三叉戟电视集团设立了一项旨在鼓励科学思想及其传播方面成就的奖励，授予奖章和1 000英镑奖金。1986年，英国皇家学会设立了"迈克尔·法拉弟奖"，鼓励科学家为促进科普教育做贡献。候选人由皇家科普教育学会向皇家学会推荐，每年评选一次，颁奖活动在每年皇家学会年会上举行，获奖者获一枚镀银奖章和1 000英镑奖金。同时由皇家学会安排获奖人向公众做一次科普讲座。1988年，为鼓励更多更好的科普作品问世，提供公众最新的科学营养，英国皇家学会科普教育委员会、皇家研究所、英国科学促进会和科学博物馆共同创立了"朗-普伦斯科学书籍奖"，表彰奖励最佳科普作品。该奖分"普通奖"和"少年奖"，分别授予1 000英镑奖金。"普通奖"授予撰写高级科普作品的作者；"少年奖"授予年龄在14岁以下的科普创作者（党伟龙，刘萱，2012a；党伟龙，刘萱，2012b；杨琴琴，2014）。

**1. 英国科普奖**

（1）皇家学会"迈克尔·法拉第奖"（Michael Faraday Prize from Royal Society）。这是由享誉全球的英国皇家学会颁发的一个年度奖项，始于1986年，为纪念热心科普事业的著名物理学家、皇家学会会士迈克尔·法拉第而设，主要奖励那些在"向英国公众传播科学"中做出杰出贡献的英联邦科学家和工程师，但也不排除诸如科普作家、科学记者之类的优秀人选。奖励包括一枚镀金银质奖章和2 500英镑，获奖者须在皇家学会发表一次公开演讲。该奖每年由"迈克尔·法拉第奖委员会"负责提名候选人，由皇家学会理事会决定最终人选。一般只颁给个人，不考虑团队；也不考虑那些只有一次性贡献（如一次讲座、一本书等）的人，而是看重某人的整体贡献。

（2）皇家学会"科恩奖"（Royal Society Kohn Award）。该奖为皇家学会颁发的年度奖项，始于 2005 年，由科恩基金会赞助，旨在鼓励处于事业起步阶段的英国科学家投身科普等社会公益活动。获奖人可得到一枚镀金银质奖章，一份价值 2 500 英镑的纪念品，以及用于科学传播活动的 7 500 英镑专款。如 2008 年获奖人为剑桥大学医学讲师克里斯·史密斯，理由为："他开创性的广播秀和播客（Podcast）网站——'裸身科学家'，让广大听众深深着迷"。

（3）英国科学作家协会"科学作家奖"（ABSW Science Writers' Awards for Britain and Ireland）。英语中并无科普作家一说，只有科学作家（Science Writers）。科学写作（Science Writing）对应于中国的科普创作，但概念并不完全相同（杨琴琴，2014）。该奖由英国科学作家协会颁发，号称科学写作界的奥斯卡奖，始于 1966 年，有几年曾中断，2010 年因获得詹森研发公司的赞助得以继续。正如电影奥斯卡奖一般，这也是一个系列奖项，目前包括：最佳短篇新闻、最佳特写、最佳电视节目和在线视频剧本编辑、最佳调查性报道、理查德·格雷戈里最佳新人奖和终身成就奖。2011 年因皇家学会的额外赞助，又新增了"皇家学会广播奖"，针对优秀广播节目和网上播客的剧本编辑。据往届获奖名单可知，该奖主要授予从事科学新闻或科普节目编导的报刊编辑、节目制作人、职业记者或自由撰稿人，很少涉及从事科普创作的科学家。这与 ABSW 本身性质有关。它主要是一个新闻媒体工作者的联合组织，跟中国的"科普作家协会"仍有所区别，更近似中国的"科技新闻学会"。

（4）维康信托"科学写作奖"（Wellcome Trust Science Writing Prize）。维康信托是英国伦敦知名的慈善基金会。它与《卫报》《观察家报》联合设立了该奖，旨在发掘未来的科学作家。该奖以科普征文竞赛的方式开展,按投稿人身份划为 A 组"专家写作"与 B 组"普通写作"——若作者是科学家或研究生以上学历的专家,须向 A 组投稿;对科学有兴趣的普通人或大学本科生,则投 B 组。参赛者只限英国居民,并只限那些不以写作谋生的人,比如职业作家和记者就没有参赛资格。参赛作品须为不超 800 字的短文,涉及某科学领域并能激发公众兴趣。优胜文章享有 1 000 英镑奖金,并在《卫报》或《观察家报》刊出,作者还受邀参加《卫报》开办的科学写作进修班。这是一个崭新的奖项,2011 年首次运作,共收到 800 篇稿件。

(5) 科学和工业博物馆"乔舒亚·菲利普科学参与创新奖"(Joshua Phillips Award for Innovation in Science Engagement)。所谓科学参与,意即公众参与科学。该奖简称"乔希奖",由位于英国曼彻斯特的科学和工业博物馆(Museum of Science and Industry,MOSI)设立,旨在纪念英年早逝的优秀馆员和科学传播人士乔舒亚·菲利普。该奖始于 2007 年,是 MOSI 主办的年度"曼彻斯特科学节"中一项重要的活动,每次表彰一位用新颖方式增进公众理解科学的年轻人。首位获奖者即前文提到的克里斯·史密斯("裸身科学家"网站创立人)。奖励包括 1 000 英镑现金,及曼彻斯特科学节"特聘科学传播人士"荣誉。

(6) 英国生物学会"科学传播奖"(Society of Biology Science Communication Awards)。由英国生物学会于 2005 年设立的年度奖项,鼓励英国生物领域的研究者积极向公众普及科学。包含两个独立奖项:青年研究员奖、资深研究员奖。前者针对仍处于求学阶段的生物科学硕士、博士或博士后第一年,奖金 750 英镑;后者针对已度过职业早期的研究人员,奖金为 1 500 英镑。该奖亦由维康信托资助。

(7) 英国物理学会"开尔文奖"(Kelvin Medal and Prize)。由

英国物理学会颁发的年度奖项，始于 1996 年，授予那些在增进公众理解物理学方面做出杰出贡献的人。奖品包括一枚铜质奖章、证书和 1 000 英镑。

（8）英国医学研究慈善协会"科学传播奖"（AMRC Science Communication Awards）。医学研究慈善协会是英国多个医学慈善团体的联合组织，为鼓励其内部会员积极从事科学传播工作而于 2007 年设立该奖，只颁发给团体，不考虑个人。这是一个两年一度的系列奖，目前包含：网站奖、年度报告奖、新闻通讯奖、社交媒体奖、活动与公众事务奖、患者服务及公共参与奖、媒体科学奖等。获奖名单在每个奖项细目下，一般还列出最终优胜者、第二名和"高度推荐者"，相当于冠军、亚军、季军。

**2. 英国科普图书奖**

（1）"皇家学会青少年图书奖"（Royal Society Young People's Book Prize）。英国皇家学会于 1988 年开始授予青少年图书奖，该奖项每年一次，在于奖励为青少年（14 岁以下）创作的优秀科学传播类书籍。1988～1989 年该奖项被称为"科学图书奖青少年奖"（Science Books Prize Junior Prize），1990～2000 年被称为"罗纳普朗克青少年科学图书奖"（Rhone-Poulenc Prize for Science Books Junior Prize），2001～2006 年被称为"安内特青少年科学图书奖"（Aventis Prize for Science Books Junior Prize），2007～2008 年被称为"皇家学会青少年科学图书奖"（Royal Society Prize for Science Books Junior Prize），2009～2010 年该奖项停止颁发，2011 年又开始颁发。该奖项评委会由成人组与青少年组构成，由皇家学会任命。成人组每年有 4～5 位成员，通过往届的评委信息可了解到成人组评委主要由科学家、大学教授专家、科学机构研究者、学校工作者、作家、编辑、科学类节目主持人、科学传播者等与科学密切相关的工作者构成。青少年组成员由14岁以下的青少年学生组成,他们分别来自英国各地的学校、图书馆、科学中心、青年团体的图书评审委员会。该奖项的评定分为两轮,第一轮每年2月图书出版商会收到提交申奖图书的邀请,成年组评审委员会在收到出版商提供的书目后,阅读所有的图书并确定入围书单。每一位入围者都会获得一定的金钱奖励。第二轮要评出最终获奖者,最终获奖者由青少年评委会决定。他们将在入围书单的基础上讨论评选出最终获奖图书。第二轮中,出版商会为多个青少年评审组提供一套入围的图书,以供他们组成评审团。未从皇家学会收到这套书的评审组,也可从其他地方获得该套图书并参与评审。每组先选出主持评委会的主席。每一位成员将对入围图书做出反馈,讨论每一本书的优点并提交他们的投票和评论。所有参与组在决定最终获奖图书上都有平等的发言权。皇家学会要求每个青少年评审组都有一个成年人负责视察监督。他们负责确保将评委们的决定、支持性意见以及信息资料提供给皇家学会。每个参与评审的小组都会收到一个评审包和参与证书,最终的获奖者由英国皇家学会整理各青年组评审情况得出。每位入围的图书作家将获得1 000英镑,而最终的获奖者将获得10 000英镑。皇家学会将通过网站公布入围图书以及最终获奖图书。

就申奖标准而言,首先在获奖图书中,科学必须是书中实质性的一方面,表现在书的内容、叙事以及主题中。图书中的科学包括科学知识、科学理解、科学实践、对于科学家的描述、科学史等方面。科学是科学、技术、工程、医学、数学、科学史以及广泛的社会关系与功能等的缩略。图书需是有趣的、吸引人的、易获得的,同时也是高质量的。该奖项不考虑参考类书籍,如百科类、教育类、描述类图书。图书的语言必须是英语，而且必须是前一年出版的图书。图书必须是当下能够购买到的。申奖图书没有地域的限制，图书的作者也没有国籍、年龄或其他特殊的限制。

（2）"皇家学会温顿科学图书奖"（Royal Society Winton Prize for Science Books）。皇家学会温顿科学图书奖设立于 1988 年，每年一次，该奖项主要用于奖励为非专业领域读者创作的科学图书，最初是为鼓励科学图书创作、出版与阅读。1990～2000 年，该奖项被称为"罗纳普朗克科学图书奖"（Rhone-Poulenc Prize for Science Books），2001～2006 年被称为"安内特科学图书奖"（Aventis Prize for Science Books），2007～2010 年期间被称为"皇家学会科学图书奖"（Royal Society Prize for Science Books）。皇家学会任命每年的评委会。评委会成员一般为皇家学会研究成员，最终的获奖者由该委员会评选得出。每年 2 月图书出版商会提交申奖图书，评选委员会从中选出大约 12 本图书，最终确定 6 本左右的入围候选名单，再从中选出最终获奖图书。与青少年图书奖一样，进入入围候选名单的图书作者将获得一定数量英镑的奖励，最终获奖者将获得更多的金钱奖励。就申请评奖标准而言，申奖图书须是当前流行的科学与技术、科学技术史、科学家或技术专家等方面的书籍。获奖图书能够让科学更好地被普通成年读者所理解，即保证清晰准确、易于理解。这些图书还能够颠覆传统的观点如"认为科学书是困难的、无聊的以及无法理解的"。评委会排除为科学领域、专业领域或特殊领域的读者准备的书籍，如百科全书、教育教科书、描述类学术书籍。系列图书是一起评或分开评，并由评委会决定。原则上入围的图书必须是前一年内出版的，特殊情况可能在第二年延期审议。图书语言必须是英语，但图书来源不受国籍、地理、年龄等方面的限制。

申请时只接受纸质图书，不接受电子版图书。出版商被鼓励提交尽可能多的图书，不收费用。

（3）"英国医学协会医学图书奖"（BMA Medical Book Awards）。英国医学协会医学图书奖是为了奖励医学领域的优秀图书。该奖项的奖励对象有 21 类，全面涵盖了 BMA 医学图书领域的赢家。该奖项还含有一些特殊的奖，如 BMA 学生教材奖、BMA 绘本奖、BMA 董事会公众理解科学奖，这些特殊的奖项是在所有入围图书的基础上挑选出来的。

（4）"英国科学与文学学会图书奖"（The British Society for Literature and Science Book Prize）。英国科学与文学学会（British Society for Literature and Science，BSLS）是一个学术团体，目的在于促进科学与文学之间的跨学科研究，该协会对任何对该领域感兴趣的人开放，无地域限制。从 2007 年开始，该协会设立了科学与文学学会图书奖，主要颁发给每年科学与文学领域内的最佳图书，获奖图书将会在每年的 BSLS 会议上公布。

（5）"安内特科学图书奖"。世界上最著名的科普图书类大奖，由英国皇家科学院在 2000 年开始举办，每年六月份进行评审，先由五位成年评审挑选入围的六本书籍，再由 14 岁以下的青少年选出赢家。获奖者将获得 10 000 英镑。

（四）德国

德国是近现代科学的发祥国之一，科学活动很早就已融入人们的社会生活，尤其是从 19 世纪中期起，德国的科学教育开始系统化、职业化、批量化。此时德国在各个科学领域迅速迈向世界最前沿，以此而带动的技术和产业进步使得国力迅速增强，其强劲态势直至二战结束才趋于平缓。然而，战后的德国仍旧保留了其重视科技、重视教育的优良传统。科学工作者在大众心目中始终享有较高地位。而在这样一个传统的科技强国，其科普文化在社会中亦扮演着举足轻重的角色，发挥着不可或缺的作用。调查发现，这些机构颁奖有三个特点：1. 局限性很强，颁奖范围一般局限于某一大学或专业技术大学；2. 特别注重奖励年青科学家，培养科学接班人；3. 大学科技奖主要以精神鼓励为主，多为颁发纪念币和奖牌，奖金金额也不高，一般不超过 5 000 马克。

近些年，为促进科普方面进一步发展，自 1993 年以来，德国著名的科普类杂志《科学画报》（bild der wissenschaft）每年都会在 12 月颁布最佳知识类图书奖，该奖项由 11 位经验丰富的专业记者和热心读者组成评委会，从 54 部候选作品中评选出 6 部获奖作品，旨在表彰面向大众介绍最新科研成果的优秀知识类图书。

（五）法国

法国历来重视科普。早在 1937 年，法国就建立了以科学发现为主要展览内容的发现宫，即国家科普展览馆。法国政府各部门在开展科普工作时，认识到社会对科学技术的接受程度和公众对科学技术的理解运用程度对科学技术在经济和社会发展中的地位是起着重要作用的。科普工作会直接影响到社会的发展。为了鼓励在科普方面有突出贡献的科技工作者，2004 年法国科学院设立儿童科普教育奖"PURKWA"奖。此奖是一项由国际评委评选的针对儿童教育及科学扫盲的国际奖项。这一奖项之所以取名"PURKWA"，是因为它的发音近似法语"为什么"，而设立该奖项的目的就是鼓励孩子们的求知和提问。该奖由法国著名高校圣艾蒂安矿业学院倡议设立，评委会的 13 名成员分别是来自法国、美国、瑞典及中国等国的著名科学家。现任十三届全国人大常委会副委员长、中国科学院院士陈竺也曾担任过评委。该奖每年颁发一次，获奖人数不限，一个由 12 名国际知名科学院院士组成的评审团决定获奖人选，而候选人必须在儿童科普教育领域做出过杰出贡献。

除此之外，法国同欧盟其他成员国共同建立了笛卡尔奖。笛卡尔奖是科学年度奖项，由法国数学家和哲学家——笛卡尔的名字命名。该奖项旨在表彰欧洲合作研究产生的杰出科学技术成就。该研究奖于 2000 年首次颁发，并授予"在任何科学领域，包括经济、社会科学和人文科学领域，通过合作研究获得杰出科学或技术成果的研究人员"。研究小组自己或适当的国家机构都可以收到意见书。作为笛卡尔奖的一部分，科学传播奖于 2004 年成立。每年 12 月的颁奖典礼上将宣布五名获奖者（决赛选手）和五名优胜者（姚昆仑，2005）。

## 二、亚洲国家

（一）日本

日本在民用科学技术方面在世界范围内有着巨大的影响力，其在科普教育方面的经验，值得我们去学习和借鉴。进入 20 世纪 90 年代，随着经济的发展和科技的日益进步，在日本不管是科普的概念还是科普的内容和形式都发生了巨大的变化，赋予它的名称是"增进国民对科学技术的理解"，在过去的单纯普及科学知识的基础上，更多的是增进国民对科学技术的理解。尤其是 20 世纪 90 年代后期，日本更加重视科学技术、社会与人类相互关系的研究（居云峰，

2007）。为了加强国民对科学技术的理解，1998年日本科技部召开主题为"传播者的重要性"的研讨会，指出今后必须形成一个任何人都理解科学技术的社会。科学技术不仅仅是专家的，它本来就应该属于所有人。

（1）日本科学技术功劳者奖。日本科学技术功劳者奖的获奖者包括以下四类：第一类是为开发优秀国产技术做出贡献的研究人员和发明者；第二类是为扶植优秀国产技术做出贡献的人员；第三类是为普及科技或推广发明做出贡献的人员；第四类是在推动科技振兴的管理决策方面做出贡献的人员。获奖候选人由各省厅长官及地方都道府县知事推荐，最后由日本科技厅选择其中大约30名作为获奖者。授奖时间定在每年4月份的科学技术周内，由日本科技厅在东京专门举办"科学技术功劳者奖颁奖仪式"进行授奖。

（2）日本科技电影节。科技电影节始于1960年，主要活动是评选、奖励优秀的科技电影，以普及促进科学技术素养的提升，被认为是日本最具权威的科技电影节，每年入围作品百余件。科技电影节主要是振兴科学技术和普及科学技术，通过征集日本国内制作的科技影视作品，评出内阁首相奖1个，文化科学部长奖14个，此外还有部门优秀奖若干，并遴选对社会科学技术教育有明显提升的作品颁发特别奖励奖。通过表彰制作者和策划者，普及宣传国内科技电影，并在日本各媒介放映获奖作品，直接普及科学技术。电影节主办机构是日本科学技术振兴财团、日本科学电影协会、筑波科学万博纪念财团等，后援机构有文部科学省、日本新闻协会、日本广播协会等。

（3）日本学生科学奖。日本学生科学奖于1957年设立，是日本历史最为悠久的传统科学竞赛，每年举办一次，对象是中学生，主办者是日本科学教育振兴委员会、读卖新闻社、科学技术振兴机构，目的是在第二次世界大战后日本复兴期振兴科学技术教育，培养未来优秀的科学家。申报作品学科涉及物理、化学、生物、地理等六大门类。参赛者可以就身边的科学质疑进行阐明，对教科书学说的存疑提出解决办法等。个人或团体实验、研究、调查的作品均可申报，以学校为单位进行的课题研究也可申报。作品先交由各都府县进行审查，再交由中央审查，由知名大学教授担任评委，根据参赛者分设学生个人奖项、学校奖、指导教师奖等，评出内阁首相奖、文化科学部长奖、读卖新闻奖、日本科学未来馆奖等11个奖项。最高的内阁首相奖奖金达50万日元，获奖者还将获得东京大学、大阪大学、庆应义塾大学、早稻田大学等著名大学的推荐入学考试资格。

（二）印度

印度对科普事业有着难解的情缘。作为一个农业国，印度非常注重全民科技素质的提高。印度政府在1983年公布的"技术政策声明"中，把鼓励个人探索和传播知识方面的创造精神作为科技发展目标之一。1987年2月，印度政府还专门设立了"国家科普奖"。1988年由国家科技交流委员会组织实施，并在每年的国家科技日（2月28日）颁发，以提高该奖的影响。该奖主要授予下列三个方面：①授予在科学技术普及方面或在提高人们的科技兴趣方面做出突出成绩，并在国内外有一定影响的个人和机构，奖励10万卢比、奖章和奖状。②授予在通过宣传媒体上发表与本国有关的科技方面的报导。选拔获奖者时，将参考候选人如何提高读者、听众和观众对科学的兴趣等。③授予在推广普及科学知识和提高儿童在科学兴趣方面做出突出成绩，在国内外有广泛影响的机构和个人。奖励5万卢比，一个铜质奖章和奖状。

（三）韩国

韩国政府和社会各界对科普也给予了积极关注。在设立于 1968 年的"韩国科学技术奖"中，为奖励科普方面有贡献的人员，设立了"振兴奖"奖项，促进科普宣传和科技著作出版等方面的工作。1990 年，韩国三星集团福利基金会在设立的"湖岩奖"中，把大众科技传播作为一项重要奖。奖励在科技传播和宣传、促进科普工作方面有突出业绩的集体和个人。该奖在 1996 年停止颁发大众传播奖。

## 三、其他国家

除以上介绍的国家外，还有部分国家在科普方面有着不少奖项值得借鉴，以下列举了几个在各国较为典型的科普奖项：

（一）巴西

在巴西，近年来设立了"Jose Reis 科学宣传奖"，着重表彰在科普宣传、科技新闻等方面有突出贡献的科技人员和机构。该奖由科学理事会运作，发给获奖者奖章、证书及 4 500 美元奖金。

（二）澳大利亚

澳大利亚 1990 年设立了"尤里卡奖"。在奖励的六个领域中，科普最受重视。如"尤里卡科学普及奖""尤里卡科学书籍奖""尤里卡科学新思维奖"，鼓励科学家把科技成果介绍给普通读者，鼓励出版高质量的科普书籍，增进公众对科技事业和科学家的了解，提高他们的科技素养，奖金为 1 万澳元。

（三）新西兰

新西兰皇家学会在 2009 年设立了"新西兰皇家学会科学图书奖"（Royal Society of New Zealand Science Book Prize），每两年举办一次，旨在鼓励新西兰的科普图书创作、出版和阅读。参评书籍类型包括科学新理论、科学哲学和历史、科学家传记及自传、实用科学指南和趣味科学知识集、科学小说、诗歌或话剧等。该奖项的评选由评审委员会从所有参选书目中遴选 5 本图书入围，再从中评选出 1 本获奖图书。获奖作者可获得 5 000 美元的现金奖励。奖金来自多个机构的赞助。

## 四、国际组织

在全世界范围内，有不少组织同样设立了科普奖项。这些奖项在国际上影响力较大。奖项的设置模式和运行机制也较为成熟，在很多地方有可取之处。

（一）联合国教科文组织

联合国教科文组织颁发的科普奖——"卡林加奖金"，就是印度工业家帕特奈克 1951 年捐助创立的。卡林加是公元前 2 世纪印度皇帝的名字，以此命名主要是纪念他反对战争，热心于科学、文化和教育事业的品德，同时也代表了这一奖励所推崇的一种精神。卡林加奖金旨在奖励全球范围内普及科学知识方面贡献突出者，每年颁发一次，奖金 1 000 英镑，奖品为一枚爱因斯坦奖章和一张奖状。候选人由联合国教科文组织成员国委员会提名，联合国教科文组织负责评审与颁奖。如 2001 年度获奖者为意大利的斯特凡诺·凡托尼

表 2-1　各国重要科普奖和科普作品奖汇总

| | 奖项名称 | 颁发对象 | 颁发时间 | 主办单位 | 奖励方式 | 颁发区域 |
|---|---|---|---|---|---|---|
| 国际 | 卡林加奖 | 主要奖励在普及科学方面有突出贡献的人，范围包括科学家、新闻工作者、教育家和作家 | 1952年设立，年度奖项 | 联合国教科文组织 | 获奖者可获两万美元奖金与一枚联合国教科文组织爱因斯坦银质奖章 | 世界 |
| | 世界信息峰会大奖 | 电子科学与科技、电子健康与环境、电子政府与机构、电子学习与教育、电子文化与传统遗产等相关的网站和项目 | 2003年设立，每两年一度 | 联合国工业发展组织、联合国全球咨询和通讯技术发展联盟 | | 世界 |
| | ASPAC创意科学传播奖 | 针对亚太地区科技界，通过创新方式有效实现科学传播，促进非正规科学教育的科学演示项目进行鼓励与奖励 | 2013年设立，年度奖项 | ASPAC亚太科学中心协会 | | 亚太地区 |
| | 笛卡尔奖 | 在科学传播领域做出了杰出成果的个人和机构都可以成为候选人 | 年度奖项 | 欧盟科学与社会研究计划 | | 欧盟 |
| 欧洲 | 迈克尔·法拉第奖 | 一般只颁给个人，不考虑团队，也不考虑那些只有一次性贡献（如一次讲座、一本书等）的人，而是看重某人的整体贡献 | 1986年设立，年度奖项 | 英国皇家学会 | 一枚镀金银质奖章和2 500英镑，获奖者须在皇家学会发表一次公开演讲 | 英国 |

续表

| | 奖项名称 | 颁发对象 | 颁发时间 | 主办单位 | 奖励方式 | 颁发区域 |
|---|---|---|---|---|---|---|
| 欧洲 | 科恩奖 | 鼓励处于事业起步阶段的英国科学家投身科普等社会公益活动 | 2005年设立，年度奖项 | 英国皇家学会 | 获奖人可得到一枚镀金银质奖章，一份价值2 500英镑的纪念品，以及用于科学传播活动的7 500英镑专款 | 英国 |
| | 开尔文奖 | 授予那些在增进公众理解物理学方面做出杰出贡献者 | 1996年设立，年度奖项 | 英国物理学会 | 奖品包括一枚铜质奖章、证书和1 000英镑 | 英国 |
| | 乔舒亚·菲利普奖，简称"乔奖" | 每次表彰一位用新颖方式增进公众理解科学的年轻人 | 2007年设立，年度奖项 | 曼彻斯特科学和工业博物馆 | 获奖者奖金额为1 000英镑，及曼彻斯特科学节"特聘科学传播人士"荣誉 | 英国 |
| | 帕梅拉奖 | 参选者必须年满21岁，并在科学领域工作，他们包括在公共私人部门服务的工作人员、技师以及任何在科学、技术、工程或数学领域工作的人 | 2005年开始，年度奖项 | 国家科学技术与艺术基金会 | | 英国 |
| | 英国科学技术创新奖 | 科学技术创新奖是英国科学协会为年轻人打造的旗舰项目，激励5到19岁的儿童参与到科学活动中 | 年度奖项 | 英国科学协会 | | 英国 |

续表

| | 奖项名称 | 颁发对象 | 颁发时间 | 主办单位 | 奖励方式 | 颁发区域 |
|---|---|---|---|---|---|---|
| 欧洲 | 国家科学周奖 | 可参与竞争奖金的项目包括公共讨论、谈话、展览、动手展示活动、实验室参观以及激励未来科学家的活动 | 年度奖项 | 英国研究理事会 | 2 000英镑的奖金 | 英国 |
| | 罗尔斯-罗伊斯科学年度奖 | 颁发给在英国和爱尔兰共和国科学教育领域内作出贡献的团队，任何形式的科学教育贡献团队均可竞争该奖 | 年度奖项 | | | 英国 |
| | 科学研究生年度奖 | 针对英国和爱尔兰大学尚未提交博士论文的年轻研究者而设置 | 年度奖项 | 大英皇家研究院 | 6 000英镑，接受媒体培训以及获得皇家研究院终身会员资格 | 英国 |
| | 公众参与奖计划（公众参与资助计划） | 获奖者多为多年来在物理领域举办各项活动的机构 | | 物理协会 | 1 000英镑的奖金 | 英国 |
| | 科学作家奖 | 主要授予从事科学新闻或科学节目编导的报刊编辑、节目制作人、职业记者或自由撰稿人、很少涉及从事科普创作的科学家 | 始于1966年，前几年曾有中断，2010年因获得詹森研发公司的赞助得以继续，年度奖项 | 英国科学作家协会 | | 英国 |

续表

| | 奖项名称 | 颁发对象 | 颁发时间 | 主办单位 | 奖励方式 | 颁发区域 |
|---|---|---|---|---|---|---|
| 欧洲 | 科学写作奖 | 该奖以科普征文竞赛的方式开展，按投稿人身份划为A组"专家写作"与B组"普通写作"。若作者是科学家或研究生以上学历的专家，须向A组投稿；对科学有兴趣的普通人或大学本科生，则投B组。参赛者只限英国居民，并只限那些不以写作谋生的人，比如职业作家和记者就没有参赛资格 | 2011年设立，年度奖项 | 英国维康信托慈善基金会 | 优胜文章有1000英镑奖金，并在《卫报》或《观察家报》刊出，作者还受邀参加《卫报》开办的科学写作进修班 | 英国 |
| | 科学传播奖 | 包含两个独立奖项：青年研究员奖针对仍处于求学阶段的生物科学硕士、博士或博士后第一年，资深研究员奖针对已度过职业早期的研究人员 | 2005年设立，年度奖项 | 英国生物学会 | 青年研究员奖金750英镑，资深研究员奖金1 500英镑 | 英国 |
| | 安内特科学图书奖 | 青少年奖颁发给14岁以下的少年儿童撰写的最佳图书籍；大众奖颁发给为更广泛读者群撰写的最佳书籍 | 1988年设奖，年度奖项 | 英国皇家学会 | 获奖者奖金额为1万英镑 | 英国 |
| | 温顿科学图书奖 | 只授予那些前一年度以英语出版，并在英国上市的书 | 1988年设立，年度奖项 | 英国皇家学会 | 凡入围终选名单者奖励1 000英镑，最终获胜者则有1万英镑 | 英国 |
| | 格奥尔格·冯·霍尔茨布林克科学新闻奖 | 主要颁发在德语出版物科学新闻方面做出突出成绩的新闻记者及相关人员 | 1995年成立，年度奖项 | 格奥尔格·冯·霍尔茨布林克出版社 | | 德国 |

续表

| | 奖项名称 | 颁发对象 | 颁发时间 | 主办单位 | 奖励方式 | 颁发区域 |
|---|---|---|---|---|---|---|
| 欧洲 | 德国科学传播人士奖 | 奖励在科学传播方面做出突出贡献的人员 | 2000年设立，年度奖项 | 德国科学基金会与自然科学及人文科学捐助者协会 | | 德国 |
| | 俄罗斯优秀科普著作奖 | 俄罗斯国家所有的科学家和专业人员、新闻工作者和电视、广播、电影以及其他大众媒体的创作人员 | 1995年设立，年度奖项，颁奖在每年的2月 | 俄罗斯科学院主席团根据作品评选，结果代表科学院 | 颁发俄罗斯科学院主席团会议荣誉证书 | 俄罗斯 |
| | 优秀科普文章大奖赛 | 对科学话题感兴趣并关注科学知识普及的人士均可参加 | 1998年设立，年度奖项 | 俄罗斯基础研究基金主办，英国委员会赞助，俄罗斯科学杂志学会协办 | 一等奖500美元、二等奖250美元、三等奖150美元，特别奖励订阅两年《自然》和《科学和技术创新消息》杂志 | 俄罗斯 |
| | 俄罗斯教育科学贡献金质奖章 | 主要对以下三个研究方向的优胜者颁发：①教育哲学、教育学和心理学领域的实用与基础性研究；②现代条件下教育组织机构管理问题的实用和基础性研究；③俄罗斯教育体系中教育内容、教育进程、教学进程和科学研究现代化方面的科学方法与规划研究 | | 俄罗斯教育部 | 颁发俄罗斯教育科学贡献金质奖章 | 俄罗斯 |

续表

| | 奖项名称 | 颁发对象 | 颁发时间 | 主办单位 | 奖励方式 | 颁发区域 |
|---|---|---|---|---|---|---|
| 欧洲 | 俄罗斯教育科学成就奖 | 奖励在俄罗斯教育领域中，对科学和实践活动具有重要意义的科学著作者、科学发明者和研究者，凡是从事基础科学和实际科学研究的个人和集体均可参加评选 | | 俄罗斯教育部 | | 俄罗斯 |
| 美洲 | 事业起步公众参与科学奖 | 特别针对那些处于职业早期（入职七年以内）的青年科学家和工程师，博士后也包括在内 | 2010年设立，年度奖项 | 美国科学促进会 | | 美国 |
| | 公共服务奖 | 该奖虽由政府机构 NSF 颁发，但只针对民间组织、政府的下属机构不予考虑 | 1998年设立，年度奖项 | 美国国家科学委员会 | 获奖者奖金金额为1万英镑 | 美国 |
| | 公众参与科学奖（原名"公众理解科学技术奖"） | 主要用于表彰在科学传播方面做出突出贡献的科学家和工程师，只颁发给个人 | 1987年设立，年度奖项 | 美国科学促进会 | 每年一名，获奖金为5 000美元 | 美国 |
| | 向公众阐释化学之詹姆斯奖 | 旨在鼓励借助各种媒体和手段，增进美国公众理解化学及相关科学的杰出人士 | 1957年设立，年度奖项 | 美国化学会 | 奖励内容包括3 000美元现金、一枚大奖章、一个礼盒、一张证书及赴会颁奖的差旅费报销 | 美国 |
| | 美国国家研究院传播奖 | 只面向美国前一年度出版或发行的英语科普作品 | 2003年设立，年度奖项 | 美国国家研究院 | 每一类目优胜者奖励2万美元 | 美国 |

续表

| 奖项名称 | 颁发对象 | 颁发时间 | 主办单位 | 奖励方式 | 颁发区域 |
|---|---|---|---|---|---|
| 社会之科学新闻奖 | 主要适用优秀的科学报道。目前分设四个类目：图书奖、评论奖、科学报道奖、地方性科学报道奖。评奖规则中特别指出，与普通公众无关的专业性科技进展报道不予考虑，除非它具有普遍的社会意义。电视纪录片包括在报道之中 | 1972年设立，年度系列奖项 | 美国科学作家协会 | 每一类目最终优胜者享有2 500美元奖金、获奖证书，及适度报销赴会领奖的差旅费 | 美国 |
| 卡弗里科学新闻奖 | 旨在鼓励科学记者写出面向大众读者的优秀科技报道 | 1945年设立，年度奖项 | 美国科学促进会 | 每篇报道可获3 000美元奖金，并适当报销作者赴AAAS年会领奖的差旅费 | 美国 |
| 法拉第科学传播人士奖 | 奖励增进公众理解科学的杰出个人或团体。评选标准为：(1) 个人。不能是专职教师，包括一些教育性活动，如在博物馆、动物园、国家公园、科学馆、水族馆等场所，或广播、电视、网络等媒体上从事科学传播的活动者。(2) 团体或组织，热心科学传播活动的全国性或地方性组织 | 2003年设立，年度奖项 | 美国科学教师协会 | 获奖者享受旅费报销，可获得大会发言机会，名单在NSTA刊物上公布 | 美国 |
| 科学传播人士奖 | 只针对美国国家海洋和大气局成员 | 2008年设立，年度奖项 | 美国国家海洋和大气局 | | 美国 |

美洲

续表

| | 奖项名称 | 颁发对象 | 颁发时间 | 主办单位 | 奖励方式 | 颁发区域 |
|---|---|---|---|---|---|---|
| 美洲 | 科学传播奖 | 奖励上一年度物理学、天文学等相关领域的优秀科普作品 | 1968年设立，年度系列奖项 | 美国物理联合政策委员会 | 奖金为3 000美元，一份证书及报销赴会领奖的差旅费等 | 美国 |
| | 美国数学联合政策委员会传播奖 | 鼓励将数学知识和思想普及给公众的数学家或其他人士 | 1988年设立，年度奖项 | 美国数学联合政策委员会 | 获奖者奖金1 000美元 | 美国 |
| | 安德鲁·格门特奖 | 奖励从文化、艺术、人文维度对物理学做出突出贡献者 | 1987年设立，年度奖项 | 美国物理协会 | 获奖人获得5 000美元现金，并可指定向来学术机构捐用于科普的3 000美元专款 | 美国 |
| | 克劳普施泰格纪念奖 | 授予那些将当代物理学知识普及至子社会公众的杰出的代表 | 1990年设立，年度奖项 | 美国物理教师协会 | 获奖者得到一定现金、一份证书以及走年会领奖的差旅费报销，并须在大会上做一次面向非专业听众的物理讲座，相当于领奖致辞 | 美国 |
| | 杰出非正式科学教育奖 | 只面向非专职教师，但须为美国科学教师协会会员 | 年度奖项，每年六月在伦敦颁发 | 美国科学教师协会 | | 美国 |
| | 绿色图书奖 | 针对前一年度出版的优秀环保图书 | 2007年设立，年度奖项 | 斯蒂文斯理工学院 | 奖金5 000美元 | 美国 |

续表

| 　 | 奖项名称 | 颁发对象 | 颁发时间 | 主办单位 | 奖励方式 | 颁发区域 |
|---|---|---|---|---|---|---|
| 美洲 | 绿色地球图书奖 | 只针对前一年度在美国出版的英语图书，其主题须与环保有关 | 2005年设立，年度奖项 | 牛顿马拉斯科基金会与美国索尔兹伯里大学 | 每部获奖图书奖金2 000美元，由文字作者和绘图作者分享 | 美国 |
| 　 | 科学图书奖（美国大学优等生联谊会图书奖） | 旨在鼓励物理、生物和数学领域的科学家创作严谨但容易理解的科普读物，学术性专著不予考虑 | 1961年设立，年度奖项 | 美国大学优等生联谊会 | 　 | 美国 |
| 　 | 刘易斯·托马斯科学写作奖 | 为纪念美国艺术与科学院、美国国家科学院的"两院院士"，诗人、教育家刘易斯·托马斯，授予优秀的科学人文这类物的作者 | 1993年设立，年度奖项 | 洛克菲勒大学 | 奖金5 000美元 | 美国 |
| 　 | 卡尔·萨根公众理解科学奖 | 该奖既颁给个人，也颁给某团体或某项目；既颁给科学家，也颁给新闻工作者 | 1993年设立，年度奖项 | 美国科学会主席团理事会 | 　 | 美国 |
| 　 | 卡尔·萨根奖 | 授予那些热心向公众普及行星科学知识、激发公众天文兴趣的在世科学家，年龄和国籍不限 | 1998年设立，年度奖项 | 美国天文学会 | 　 | 美国 |
| 　 | 信息技术杰出奖 | 奖励在科技信息的采集、传播和服务方面做出突出贡献的单位和个人，促进知识经济和信息技术的发展 | 1998年设立 | 加拿大大会议局和加拿大首席信息杂志 | 　 | 加拿大 |

续表

| | 奖项名称 | 颁发对象 | 颁发时间 | 主办单位 | 奖励方式 | 颁发区域 |
|---|---|---|---|---|---|---|
| 美洲 | 何塞·赖斯科学宣传奖 | 着重表彰在科学宣传、科技新闻等方面有突出贡献的科技人员和机构 | | 巴西科学理事会 | 获奖者奖章、证书及4 500美元奖金 | 巴西 |
| 亚洲 | 国家科普奖 | 主要奖励在科普及科学兴趣方面做出突出贡献的个人和组织;授予通过宣传媒体发表与本国有关的科技方面的报导;授予在推广普及科学兴趣方面做出突出成绩、在国内外有广泛影响的机构和个人 | 1987年设立,每年的国家科技日(2月28日)颁发 | 国家科技交流委员会 | 奖励方式多样化,如部分颁发奖励对象奖励10万户比,奖章和奖状;部分奖励对象奖励5万户比和一个铜质奖章和奖状 | 印度 |
| | 韩国科学技术振兴奖 | 该奖为人物奖,要求从事科研不低于20年并在最近几年中有突出的科研成果 | 1968年设立,年度奖项 | 韩国政府 | 每项奖金为1 000万韩元(1.1万美金) | 韩国 |
| | 湖岩大众传播奖 | 奖励自然科学和艺术方面有成就的人 | 1991年首次授奖,年度奖项 | 三星集团 | 得主将获得一块6盎司金质奖章,一份获奖证书和3亿韩元 | 韩国 |
| 大洋洲 | 总理科学传播奖 | 该奖旨在颁发给在科学传播领域具有重要影响的科学家,以此来增强他们科学传播方面的知识和能力 | 2009年成立,年度奖项 | 新西兰皇家学会 | 奖金10万新元 | 新西兰 |

教授，他撰写了 160 多篇科普著作，并在意大利兴办了一所向青年学生传授科普新闻写作知识的学校。2013 年，中国科学家李象益获得联合国教科文组织的"卡林加奖"，这是该奖设立以来，首次有中国人获奖。

### （二）"拉丁美洲和加勒比地区科技及网络"组织

拉丁美洲有一个组织叫"拉丁美洲和加勒比地区科技及网络"，成立于 1990 年，总部设在巴西里约热内卢。目前，它共有来自 12 个拉美国家的成员。成员可以是科普场馆，可以是科普计划。该组织设立了"拉丁美洲科技普及奖"，奖金 3 000 美元，奖励在科普事业上做出突出成就的科普场馆、科普计划或科普专家，每两年颁发一次。

## 第二节　科普奖项分类分析

从国外的科普奖来看，有以下几个特点：一是政府较为重视科普奖励，鼓励和推动社会设奖；二是以奖励人物和集体为主，突出科技人员在科普中的角色意识和地位，树立榜样的力量；三是采取精神奖励或精神奖励与物质奖励并重的奖励方式；四是科普奖励模式多元化，有政府的、有政府与社会合作的、有个人设奖的，满足了各层次的科技团体和个人对科普奖励的需求。但总的来说，科普工作量大面广，这方面的奖项与其他领域的科技奖励无论从数量还是从奖励强度上相比虽然微不足道，但随着社会的发展以及人们对科普功能的认识深化，科普奖励的前景是十分广阔的。

为厘清各国科普奖项的设置模式及运行机理，本节从奖项设置主体、奖励对象、奖励内容、奖项设置时间、奖项评选地域五大奖项要素来对国外科普奖项进行分类研究，探究我国老科技工作者奖项该如何设立。

## 一、奖项主体分析

国外科学传播奖励模式具有多元化的特征。设奖主体主要有三大类，政府、社会团体和企业，以政府和社会团体设奖为主。政府（含官方国际组织）设奖有 9 个，在科学传播奖项设置方面具有重要导向作用。社会团体特别是科技类社团，设奖数量最多，为 37 个，占设奖总数比例高达 71%，体现了科学传播科学性的特点，与其他社会组织、企业或个人设奖不同，更具有权威性。

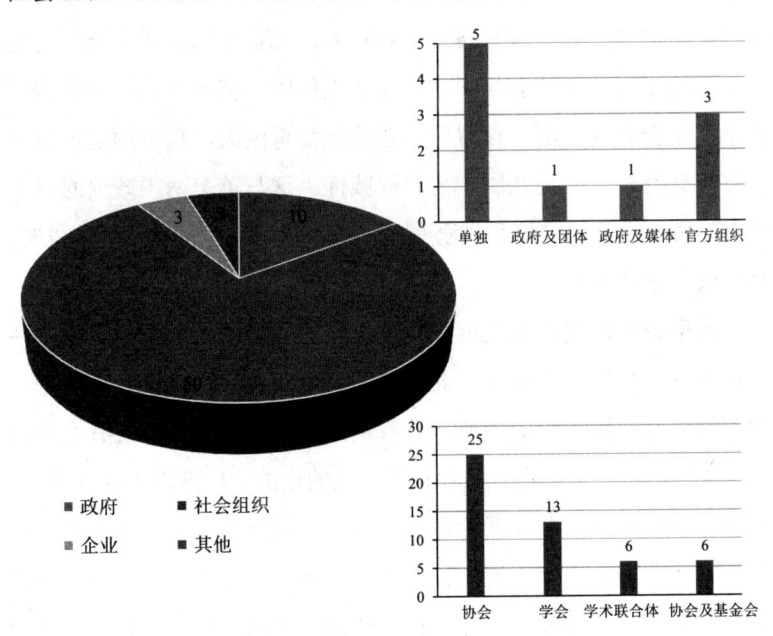

图 2-1　国外奖项主体分析

俄罗斯重视科技教育与传播。俄罗斯教育科学贡献金质奖章、俄罗斯教育科学成就奖等由政府教育、科技主管部门颁发，社会影响巨大。印度国家科普奖，由印度科技部所属国家科技交流委员会设立，每年的2月28日颁发。其他奖项如美国科学传播人士奖、韩国科学技术"振兴奖"、加拿大信息技术杰出奖等均由政府主导设立，有效提高了奖项的公信力和影响力。

社会团体尤其是科技团体，在科学传播奖项设置方面的力量不容忽视。科学学会、协会是科研人员或为促进科学发展的群众组织，设置科普奖项、开展科技传播、激励参与科普人士，是这类社会组织的重要工作。社会组织尤其是各类科学学会、协会，在科普奖项设置方面不容忽视。其设立科普奖项，一可以扩大自己的影响力，吸引更多的科研人员或科技工作者加入，二也是为了让大众参与到科学活动中来。在社会组织作为设奖主体中，英国皇家学会和美国科学促进会尤为突出，设置的科普奖项数量庞大，拥有固定的颁奖频率，具有较大的公众影响力和权威性。这与英美两国政府对科学学会、协会设奖的支持和鼓励有关。对应我国科协等科技团体设奖，具有极大参考价值。

大型企业设奖，也是世界发达国家的通例，充分说明企业关注科技发展。科技进步成为企业发展的重要因素。企业作为科技创新的关键，对科技进步的理解，有着不同于其他的角度，既有企业自身形象的广告效益，也有企业社会责任的目的。如湖岩大众传播奖，由三星创始人李秉喆设置；霍尔茨布林克科学新闻奖，由著名的霍尔茨布林克出版集团设置；科学研究生年度奖，由嘉吉公司（食品公司）赞助。国际大企业对于科技传播的奖励，扩大了科技传播的社会影响力。非单独设奖主体的奖项也不少，比如说设奖主体为政府及团体，政府及媒体等。联合主体设置科学传播奖项的优势是可以充分发挥每个主体的不同特点，相互配合。尤其是政府与社会团体合作设立的奖项，可以将政府在奖项设置方面的宏观统筹作用与社会团体在奖项设置方面的具体操作相结合，推动科学传播奖项设置的顺利开展。

结合我国实际看，由政府或科技团体主导设立奖项，有十分重要的借鉴意义。科技工作是政府工作的重要部分，由政府设立科学传播方面的奖项，体现了政府对科学传播的高度重视；政府设奖可以有效提高社会对科学传播的关注度，发挥推动科学技术发展的标杆作用；政府设奖有利于提高科技人员的社会地位，增强社会各界的科技意识，形成"尊重知识，尊重人才"的良好社会风尚。建设创新型国家，科技传播是内在要求，是激励科技创新的重要社会基础。各级政府具有强大的社会公信力和影响力，由政府主导设奖表彰科技传播，具有导向性标杆性影响，能带动或影响其他社会组织或企业对科学传播的重视与支持。政府设奖对激励科技人员走向社会，让科技走近公众，促进科学技术的普及和推广，具有积极作用。

表 2-2　奖项主体类别

| 奖项主体（奖项数量） | | 奖项名称 | 主体 |
| --- | --- | --- | --- |
| 政府（9个） | 政府单独设奖（4个） | 俄罗斯教育科学贡献金质奖章 | 俄罗斯教育部 |
| | | 俄罗斯教育科学成就奖 | 俄罗斯教育部 |
| | | 美国科学传播人士奖 | 美国国家海洋和大气局 |
| | | 印度国家科普奖 | 印度国家科技交流委员会 |

续表

| 奖项主体（奖项数量） | | 奖项名称 | 主体 |
|---|---|---|---|
| 政府<br>（9个） | 政府及团体<br>（1个） | 韩国科学技术振兴奖 | 韩国科学信息通信技术和未来规划部及韩国科技团体总联合会 |
| | 政府及媒体<br>（1个） | 加拿大信息技术杰出奖 | 加拿大会议局及加拿大首席信息杂志 |
| | 官方国际组织<br>（3个） | 卡林加奖 | 联合国教科文组织 |
| | | 世界信息峰会大奖 | 联合国教科文组织、联合国工业发展组织、联合国全球资讯和通讯技术发展联盟 |
| | | 笛卡尔奖 | 欧盟 |
| 社会团体<br>（37个） | 学会（11个） | 迈克尔·法拉第奖 | 英国皇家学会 |
| | | 科恩奖 | 英国皇家学会 |
| | | 开尔文奖 | 英国物理学会 |
| | | 英国科学传播奖 | 英国生物学会 |
| | | 温顿科学图书奖 | 英国皇家学会 |
| | | 安内特科学图书奖 | 英国皇家学会 |
| | | 青少年图书奖 | 英国皇家学会 |
| | | 英国科学与文学学会 | 英国科学与文学学会 |
| | | 总理科学传播奖 | 新西兰皇家学会 |
| | | 向公众阐释化学之詹姆斯奖 | 美国化学学会 |
| | | 卡尔·萨根奖 | 美国天文学会 |
| | | 卡尔·萨根公众理解科学奖 | 美国科学学会主席团理事会 |
| | | 何塞·赖斯科学宣传奖 | 巴西科学理事会 |

续表

| 奖项主体（奖项数量） | | 奖项名称 | 主体 |
|---|---|---|---|
| 社会团体（37个） | 协会（15个） | 公众参与资助计划 | 英国物理协会 |
| | | ASPAC 创意科学传播奖 | 亚太科学中心协会 |
| | | 英国科学技术创新奖 | 英国科学协会（前身为英国科学促进协会） |
| | | 国家科学周奖 | 英国科学协会 |
| | | 科学作家奖 | 英国科学作家协会 |
| | | 英国科学传播奖 | 英国医学研究慈善协会 |
| | | 英国医学协会医学图书奖 | 英国医学协会 |
| | | 社会之科学新闻奖 | 美国科学作家协会 |
| | | 卡弗里科学新闻奖 | 美国科学促进会 |
| | | 法拉第科学传播人士奖 | 美国科学教师协会 |
| | | 科学传播奖 | 美国物理协会 |
| | | 克劳普施泰格纪念奖 | 美国物理教师协会 |
| | | 杰出非正式科学教育奖 | 美国科学教师协会 |
| | | 事业起步公众参与科学奖 | 美国科学促进会 |
| | | 公众参与科学奖 | 美国科学促进会 |
| | | 安德鲁·格门特奖 | 美国物理协会 |
| | 基金会（4个） | 科学写作奖 | 英国维康信托慈善基金会 |
| | | 公共服务奖 | 美国国家科学基金会 |
| | | 绿色地球图书奖 | "自然时代"组织（最初称为牛顿·马拉斯科基金会） |
| | | 名誉/荣誉实验室奖 | 国家科学技术与艺术基金会 |
| | 基金会及协会（1个） | 德国科学传播人士奖 | 德国科学基金会及自然科学及人文科学捐助者协会 |
| | 基金会及学会（1个） | 优秀科普文章大奖赛 | 俄罗斯基础研究基金主办、英国委员会赞助、俄罗斯科学杂志学会协办 |

续表

| 奖项主体（奖项数量） | 奖项名称 | 主体 |
|---|---|---|
| 学术联合体（5个） | 俄罗斯优秀科普著作奖 | 俄罗斯科学院 |
| | 美国国家研究院传播奖 | 美国国家学院（美国最高学术团体的总和） |
| | 美国数学联合政策委员会传播奖 | 美国数学联合政策委员会（由美国数学学会、美国数学协会、美国统计协会和美国工业与应用数学学会组成） |
| | 科学图书奖（美国大学优等生联谊会图书奖） | 美国大学优等生联谊会 |
| | 科学研究生年度奖 | 欧洲食品科学技术联合会颁发，嘉吉公司赞助 |
| 企业（3个） | 格奥尔格·冯·霍尔茨布林克科学新闻奖 | 格奥尔格·冯·霍尔茨布林克出版社 |
| | 湖岩大众传播奖 | 三星集团 |
| | 罗尔斯-罗伊斯科学年度奖 | 罗尔斯-罗伊斯公司 |
| 其他（3个） | 绿色图书奖 | 美国斯蒂文斯理工学院 |
| | 刘易斯·托玛斯科学写作奖 | 美国洛克菲勒大学 |
| | 乔舒亚·菲利普科学参与创新奖 | 曼彻斯特科学和工业博物馆 |

## 二、奖励对象分析

国外科学传播奖项获奖对象，大部分为个人（或包含个人），比例高达 59%左右，说明重视对科学传播有贡献人士的奖励，是鼓励人才、尊重人才的具体体现。科技团体和科普读物也是奖励的重要对象，说明科技团体、科普读物是科学传播的重要构成要素。

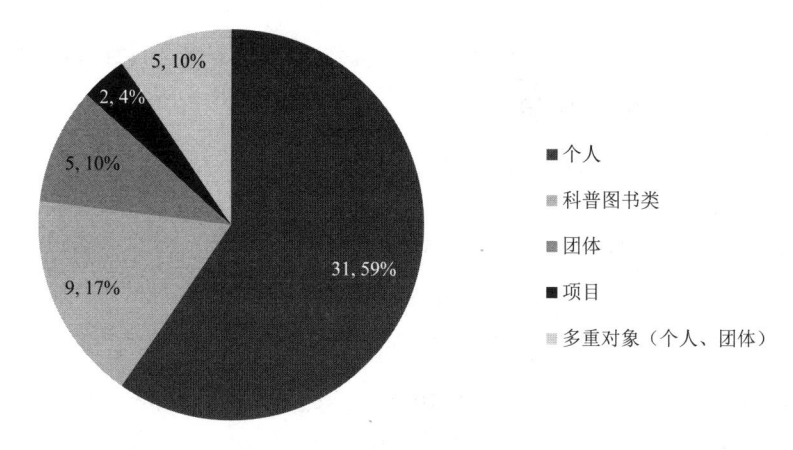

图 2-2　各类科普奖励对象占比

科学传播工作者，包括科学著作创作人、编辑，科学传播影视投资人、制片人，科学节目主持人、制作人，科学传播活动倡导者、组织者等。科学传播人士是推动科学传播的主要动力，加大对科学传播领域先进个人的表彰和奖励力度，可以有效突出个人作用，充分调动科技及相关人士的积极性、责任感。

奖励科技传播优秀人士，是科技传播奖的优良传统。他们热心于科学传播，有的不但有着卓越的科学研究与科学发现，还能通过丰富有趣的传播方式，将科学知识带给大众，与公众共同分享科学的价值。

科技团体是科技传播的重要力量，对他们的奖励，是对科技传播事业的肯定、支持和激励。奖励科技团体，有利于科技组织产生增强效应，提高共同体的学术地位、声望、知名度，增强学术团体的凝聚力和团队在社会上的影响；有利于增强该领域科学家追求科学真理的动力与决心；也有利于扩大科学共同体的影响，促进科学家组织的健全与发展。如 2004 年获得"卡尔·萨根公众理解科学奖"的是《科技新时代》杂志团体。《科技新时代》是美国月刊杂志，创刊于 1872 年，是全球销量第一的生活科技信息杂志，共 11 个版本，以 9 种文字在世界各地同步发行，在科学传播界具有重要的影响力。对杂志团体的奖励，可激励其更好地参与到科普读物的设计与创作中，有利于更加广泛地传播科学技术。

对于科普读物的奖励，是对科普创作的肯定和鼓励，宣传了一大批广为人知的科普作品。如 2004 年，安内特科学图书奖得主是比尔·布莱森，获奖作品是《万物简史》。作品用通俗易懂的文字解释了科学的某些领域，比专业书籍更受大众喜爱。作者将宇宙大爆炸到人类文明发展进程中所发生的繁多妙趣横生的故事一一收入笔下，是一本有特色的科普读物。有些奖项奖励的对象，既可以是集体，也可以是个人，奖励对象的双重性，可以扩大奖励覆盖面，如笛卡尔奖、法拉第科学传播人士奖等。

表 2-3 奖励对象分析

| 奖励对象（奖项数量） | 奖项名称 | |
|---|---|---|
| 个人（31 个） | 卡林加奖 | 俄罗斯教育科学贡献金质奖章 |
| | 迈克尔·法拉第奖 | 俄罗斯教育科学成就奖 |
| | 科恩奖 | 公众参与科学奖 |
| | 开尔文奖 | 事业起步公众参与科学奖 |
| | 乔舒亚·菲利普科学参与创新奖 | 向公众阐释化学之詹姆斯奖 |
| | 名誉/荣誉实验室奖 | 美国科学传播人士奖 |
| | 英国科学技术创新奖 | 美国数学联合政策委员会传播奖 |
| | 科学研究生年度奖 | 安德鲁·格门特奖 |

续表

| 奖励对象（奖项数量） | 奖项名称 | |
|---|---|---|
| | 科学作家奖 | 克劳普施泰格纪念奖 |
| | 科学写作奖 | 杰出非正式科学教育奖 |
| | 科学传播奖（英国生物学会） | 刘易斯·托玛斯科学写作奖 |
| | 格奥尔格·冯·霍尔茨布林克科学新闻奖 | 卡尔·萨根奖 |
| | 德国科学传播人士奖 | 信息技术杰出奖 |
| | 总理科学传播奖 | 韩国科学技术振兴奖 |
| | 俄罗斯优秀科普著作奖 | 湖岩大众传播奖 |
| | 优秀科普文章大奖赛 | |
| 科普读物（9个） | 安内特科学图书奖 | 绿色地球图书奖 |
| | 温顿科学图书奖 | 科学图书奖（美国大学优等生联谊会图书奖） |
| | 美国国家研究院传播奖 | 社会之科学新闻奖 |
| | 科学传播奖（美国物理协会） | 卡弗里科学新闻奖 |
| | 绿色图书奖 | |
| 团体（5个） | ASPAC创意科学传播奖 | |
| | 罗尔斯-罗伊斯科学年度奖 | |
| | 公众参与资助计划 | |
| | 科学传播奖（英国医学研究慈善协会） | |
| | 公共服务奖 | |
| 项目（2个） | 世界信息峰会大奖 | |
| | 国家科学周奖 | |
| 多重对象（5个） | 团体及个人（4个） | 笛卡尔奖 |
| | | 法拉第科学传播人士奖 |
| | | 何塞·赖斯科学宣传奖 |
| | | 印度国家科普奖 |
| | 团体、个人及项目（1个） | 卡尔·萨根公众理解科学奖 |

## 三、奖励内容分析

奖励内容为综合类和单项类的奖项数量较为接近，由此说明综合类奖项和单项类奖项都是国外科学传播奖励的重点。综合类奖项奖励范围较为广泛，人群也比较丰富。学科类、行业类或专项类奖项，更具有针对性和专业性，两种设奖模式各有所长。

综合类奖项主要是为了提高奖项的覆盖面，拓宽奖励人群，提高奖项在各行各业各人群的整体影响力。学科类、行业类或专项类主要由专业学会设置，尤其适用于对学会会员工作或专业领域科技工作者的肯定与奖励。综合类奖项如卡林加奖，奖励内容包括教育、物理、化学、科普创作、医学方面等。笛卡尔奖涉及经济学、社会科学及人文学科，也包括科学写作，范围较为广泛。英国迈克尔·法拉第奖、印度国家科普奖等综合类奖项，都具有广泛的影响力。综合类奖项中有不少科学传播类奖，科学传播类奖项鼓励获奖者在科学传播领域进一步开拓知识，提升能力，即奖项的着力点在科学信息的传播方面。奖项重点关注科学传播的实质，引导公众关注科学信息。如新西兰科学传播奖，要求获奖者是职业科学家，也是有效的信息传播者。

学科类、行业类或专项类奖项，主要设奖单位为专业学会，范围相对较窄，获奖者多为专业人士。如杰出非正式科学教育奖，授予科学教育行业，对象为非专职教师，但须为美国科学教师协会会员，以此来鼓励科学教育的发展。专项类奖项中，科普创作类奖主要是肯定科普作品，鼓励更多更优秀的科普创作。内容不但包括传统科普作品，也包括网络科学作品、科学博客、科学报道等。

总体来说，国家层面更适合设置综合类科学传播奖项，而专业学会更适合设置单项类奖项，两者相辅相成，共同构建完善的科学传播奖励体系。

表 2–4 奖励内容分析

| 奖项名称（奖项数量） | | 奖励领域 |
| --- | --- | --- |
| 综合类（22 个） | 卡林加奖 | 综合类奖项奖励内容涉及科学教育、物理、化学、生物学、地球科学、科普创作、医学等多方面 |
| | 笛卡尔奖 | |
| | 科恩奖 | |
| | 乔舒亚·菲利普科学参与创新奖 | |
| | 迈克尔·法拉第奖 | |
| | 名誉/荣誉实验室奖 | |
| | 英国科学技术创新奖 | |
| | 国家科学周奖 | |
| | 罗尔斯-罗伊斯科学年度奖 | |
| | 公众参与科学奖 | |
| | 事业起步公众参与科学奖 | |
| | 公共服务奖 | |
| | 卡尔·萨根公众理解科 | |
| | 印度国家科普奖 | |
| | 韩国科学技术振兴奖 | |
| | 德国科学传播人士奖 | |
| | 总理科学传播奖 | |
| | 法拉第科学传播人士奖 | |
| | 何塞·赖斯科学宣传奖 | |
| | 科学传播奖（美国物理协会） | |
| | 湖岩大众传播奖 | |
| | 美国国家研究院传播奖 | |

续表

| 奖项名称（奖项数量） | | 奖励领域 |
|---|---|---|
| 学科类、行业类或专项类（30个） | 格奥尔格·冯·霍尔茨布林克科学新闻奖 | 科学新闻 |
| | 社会之科学新闻奖 | 科学报道 |
| | 卡弗里科学新闻奖 | 科学报道 |
| | 杰出非正式科学教育奖 | 教育行业 |
| | 俄罗斯教育科学贡献金质奖章 | 教育行业 |
| | 俄罗斯教育科学成就奖 | 教育行业 |
| | 开尔文奖 | 公众理解物理学方面 |
| | 科学研究生年度奖 | 食品科学和技术 |
| | 公众参与资助计划 | 物理领域举办的各项活动 |
| | 向公众阐释化学之詹姆斯奖 | 向公众传播化学知识 |
| | 安德鲁·格门特奖 | 物理学方面 |
| | 克劳普施泰格纪念奖 | 物理学方面 |
| | 卡尔·萨根奖 | 行星科学知识、天文学方面 |
| | 科学作家奖 | 科学新闻或科普节目 |
| | 科学写作奖 | 科学写作 |
| | 安内特科学图书奖 | 大众科学写作和儿童科学写作 |
| | 温顿科学图书奖 | 科学写作 |
| | 俄罗斯优秀科普著作奖 | 科普创作 |
| | 优秀科普文章大奖赛 | 科普作品 |
| | 绿色图书奖 | 环保图书 |
| | 绿色地球图书奖 | 环境保护图书 |
| | 科学图书奖（美国大学优等生联谊会图书奖） | 科普图书 |
| | 刘易斯·托玛斯科学写作奖 | 科学人文读物 |
| | 世界信息峰会大奖 | 电子科学项目 |

续表

| 奖项名称（奖项数量） | 奖励领域 |
| --- | --- |
| 信息技术杰出奖 | 科普信息方面 |
| ASPAC 创意科学传播奖 | 针对科技馆科学教育演示项目 |
| 科学传播奖（英国生物学会） | 生物科学研究方面 |
| 科学传播奖（英国医学研究慈善协会） | 医学方面 |
| 美国数学联合政策委员会传播奖 | 数学方面 |
| 美国科学传播人士奖 | 海洋和大气方面 |

## 四、设置时间分析

国外科学传播奖项设立始于 19 世纪 40 年代，19 世纪 90 年代迅猛增长。1990~1999 年设置的奖项有 21 个，2000~2009 年设置的奖项有 18 个，两个时期共 39 个，占比 48%左右，明显多于其他时期设置的奖项。由此可以看出，从 20 世纪 90 年代开始，随着各国经济水平以及科学技术水平的发展，科学技术文化观念在不断更新，各国对科技传播越来越重视，增设科学传播奖项的意识和实力都在不断增强。现如今 2010~2020 年新设立的奖项有 6 个。

国外科学传播奖的设置与科学技术的进步密不可分。20 世纪末和 21 世纪初是科学技术飞速发展阶段，尤其是随着信息技术的崛起，催生了科学传播信息化的相关奖项，例如设置于 2003 年的世界信息峰会大奖。由此说明随着科学传播手段的不断发展，科普信息化的重要性日渐突出。国外科学传播奖项，绝大部分属于年度颁发，这是因为年度颁发具有稳定的影响力和延续性，便于奖项颁发的长久持续进行。

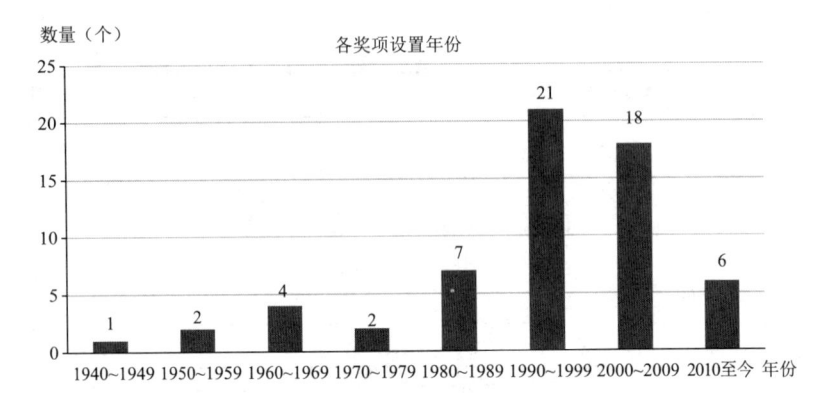

图 2-3 科普类奖项设置年份分布图

表 2-5 设置时间分析

| 设奖年代（奖项数量） | 奖项名称 | 设立时间（年） |
| --- | --- | --- |
| 1940~1949（1个） | 卡弗里科学新闻奖 | 1945 |
| 1950~1959（2个） | 卡林加奖 | 1952 |
|  | 向公众阐释化学之詹姆斯奖 | 1955 |
| 1960~1969（4个） | 科学图书奖（美国大学优等生联谊会图书奖） | 1961 |
|  | 科学作家奖 | 1966 |
|  | 美国科学传播奖 | 1968 |
|  | 韩国科学技术振兴奖 | 1968 |
| 1970~1979（2个） | 社会之科学新闻奖 | 1972 |
|  | 何塞·赖斯科学宣传奖 | 1978 |
| 1980~1989（7个） | 迈克尔·法拉第奖 | 1986 |
|  | 公众参与科学奖 | 1987 |
|  | 安德鲁·格门特奖 | 1987 |
|  | 印度国家科普奖 | 1987 |
|  | 美国数学联合政策委员会传播奖 | 1988 |

续表

| 设奖年代（奖项数量） | 奖项名称 | 设立时间（年） |
|---|---|---|
| | 温顿科学图书奖 | 1988 |
| | 安内特科学图书奖 | 1988 |
| 1990~1999（11个） | 克劳普施泰格纪念奖 | 1990 |
| | 湖岩大众传播奖 | 1990 |
| | 刘易斯·托玛斯科学写作奖 | 1993 |
| | 卡尔·萨根公众理解科学奖 | 1993 |
| | 开尔文奖 | 1994 |
| | 格奥尔格·冯·霍尔茨布林克科学新闻奖 | 1995 |
| | 俄罗斯优秀科普著作奖 | 1995 |
| | 公共服务奖 | 1996 |
| | 俄罗斯优秀科普文章大奖赛 | 1998 |
| | 卡尔·萨根奖 | 1998 |
| | 加拿大信息技术杰出奖 | 1998 |
| 2000~2009（14个） | 笛卡尔奖 | 2000 |
| | 德国科学传播人士奖 | 2000 |
| | 世界信息峰会大奖 | 2003 |
| | 美国国家研究院传播奖 | 2003 |
| | 法拉第科学传播人士奖 | 2003 |
| | 名誉/荣誉实验室奖 | 2005 |
| | 科恩奖 | 2005 |
| | 科学传播奖（英国生物学会） | 2005 |
| | 美国绿色地球图书奖 | 2005 |
| | 乔舒亚·菲利普科学参与创新奖 | 2007 |
| | 美国绿色图书奖 | 2007 |
| | 科学传播奖（英国医学研究慈善协会） | 2007 |

续表

| 设奖年代（奖项数量） | 奖项名称 | 设立时间（年） |
|---|---|---|
| | 美国科学传播人士奖 | 2008 |
| | 新西兰总理科学传播奖 | 2009 |
| 2010至今（3个） | 美国事业起步公众参与科学奖 | 2010 |
| | 英国科学写作奖 | 2011 |
| | ASPAC 创意科学传播奖 | 2013 |
| 其他（8个） | 英国科学技术创新奖 | — |
| | 英国科学周奖 | — |
| | 罗尔斯-罗伊斯科学年度奖 | — |
| | 科学研究生年度奖 | — |
| | 公众参与资助计划 | — |
| | 俄罗斯教育科学贡献金质奖章 | — |
| | 俄罗斯教育科学成就奖 | — |
| | 杰出非正式科学教育奖 | — |

## 五、评选地域分析

国际奖所占比例仅为 7.7%，远少于国别性奖项。从各地区奖项数量来看，发达国家特别是欧美国家居多，占比 85%左右，占据绝大部分，其他国家偏少。这说明科技越发达的国家，越重视科技传播，关注科学与人的关系。

英国科学传播奖项众多，这与英国科学传播历史比较久远，有良好的科学传播文化基础有关。同时，英国有重视科学传播奖项的意识，重视科技团体或组织。英国皇家学会，在科学传播奖设置方面有着重要影响力。

美国科学传播奖项多达 20 多个,说明美国在发展科学技术的同时,重视对科学传播方面的奖励。公众参与科学奖、事业起步公众参与科学奖、公共服务奖、卡尔·萨根公众理解科学奖,都把着力点放在公众参与科学信息上,众多奖项奖励领域宽广,包括科普新闻传播、科普图书、科学评论、科学教育等。

表 2–6  评选地域分析

| 评奖区域（奖项数量） || 奖项名称 |
|---|---|---|
| 国际范围（4个） | 世界地区（2个） | 卡林加奖 |
| | | 世界信息峰会大奖 |
| | 亚太地区（1个） | ASPAC 创意科学传播奖 |
| | 欧盟（1个） | 笛卡尔奖 |
| 欧洲（22个） | 英国（16个） | 迈克尔·法拉第奖 |
| | | 科恩奖 |
| | | 开尔文奖 |
| | | 乔舒亚·菲利普科学参与创新奖 |
| | | 名誉/荣誉实验室奖 |
| | | 英国科学技术创新奖 |
| | | 国家科学周奖 |
| | | 罗尔斯–罗伊斯科学年度奖 |
| | | 科学研究生年度奖 |
| | | 公众参与资助计划 |
| | | 科学作家奖 |
| | | 科学写作奖 |
| | | 科学传播奖（英国生物学会） |
| | | 科学传播奖（英国医学研究慈善协会） |
| | | 安内特科学图书奖 |
| | | 温顿科学图书奖 |

续表

| 评奖区域（奖项数量） || 奖项名称 |
|---|---|---|
| 德国（2个） || 格奥尔格·冯·霍尔茨布林克科学新闻奖 |
| ^^ || 德国科学传播人士奖 |
| 俄罗斯（4个） || 俄罗斯优秀科普著作奖 |
| ^^ || 优秀科普文章大奖赛 |
| ^^ || 俄罗斯教育科学贡献金质奖章 |
| ^^ || 俄罗斯教育科学成就奖 |
| 美洲（22个） | 美国（20个） | 公众参与科学奖 |
| ^^ | ^^ | 事业起步公众参与科学奖 |
| ^^ | ^^ | 公共服务奖 |
| ^^ | ^^ | 向公众阐释化学之詹姆斯奖 |
| ^^ | ^^ | 美国国家研究院传播奖 |
| ^^ | ^^ | 社会之科学新闻奖 |
| ^^ | ^^ | 卡弗里科学新闻奖 |
| ^^ | ^^ | 法拉第科学传播人士奖 |
| ^^ | ^^ | 科学传播人士奖 |
| ^^ | ^^ | 科学传播奖（美国物理协会） |
| ^^ | ^^ | 美国数学联合政策委员会传播奖 |
| ^^ | ^^ | 安德鲁·格门特奖 |
| ^^ | ^^ | 克劳普施泰格纪念奖 |
| ^^ | ^^ | 杰出非正式科学教育奖 |
| ^^ | ^^ | 绿色图书奖 |
| ^^ | ^^ | 绿色地球图书奖 |
| ^^ | ^^ | 科学图书奖（美国大学优等生联谊会图书奖） |
| ^^ | ^^ | 刘易斯·托玛斯科学写作奖 |
| ^^ | ^^ | 卡尔·萨根公众理解科学奖 |
| ^^ | ^^ | 卡尔·萨根奖 |

续表

| 评奖区域（奖项数量） | | 奖项名称 |
|---|---|---|
| | 加拿大（1个） | 信息技术杰出奖 |
| | 巴西（1个） | 何塞·赖斯科学宣传奖 |
| 亚洲<br>（3个） | 印度（1个） | 印度国家科普奖 |
| | 韩国（2个） | 韩国科学技术振兴奖 |
| | | 湖岩大众传播奖 |
| 大洋洲（新西兰）（1个） | | 总理科学传播奖 |

亚洲及其他国家的科学传播奖项，数量相对较少，说明亚洲及其他国家对科学传播文化的认识仍然存在不足，甚至有一定程度上的偏差，影响其科学传播奖励体系的发展。

# 第三节 小结

借助国外科普奖项设立特性和共性分析，科普奖项的设置模式、运行及激励机制值得我们进一步探讨和思考。在奖项主体的方面，从国外科普奖项设立的情况下可以看出，政府设奖存在规格高、影响大的优势，具有导向的作用，由国家设奖层次高、力度大、影响广，对科技传播的推动极其有利。政府推动和鼓励社会组织设立科普奖项，逐步使各类协会、学会成为科普奖励体系中的主要力量。在奖项对象、内容方面，国外科普奖项数量多、种类广、内容丰富、奖金多，科研人员参与科普的意愿高涨，专业的科普人才不断涌现，科普作品层出不穷。在评奖地域方面，国外部分奖项具有国际视野。参奖人员、作品不限于一城一国，提高了奖项的知名度和影响力。

以上罗列了多个发达国家的科学传播奖项，虽然未能穷尽，但大致能反映其整体面貌，亦能借此看到发达国家科普界的一些特点。

首先，由上述奖项的授予方来看，很少有政府部门或官方机构（除了美国国家科学基金会与美国国家海洋和大气局），大多是民间性质的学术共同体、科教组织或慈善基金会等；从奖项的资金来源看，也多为私人捐赠。私人捐赠使得奖励较为灵活，各具特色，可以涵盖方方面面政府机关力所不及的细微领域。关系国计民生的大项目大工程，固然可由政府主导，但在文化、艺术、科教领域，民间组织有着更大优势。

其次，上述奖项大多是年度奖励，已持续多年，其运作模式较为公正、规范。只要有稳定的资助方，奖励即可一直坚持下去，很少因个人意志转移。从这个意义上说，办活动不如设奖励，与其每年投入重金举办热闹一时的科普活动，不如用几十万、上百万设立一个（或数个）有分量的、可持续运作的科普奖项，在精神和物质上都给优秀科普工作者实实在在的鼓励。

再次，上述奖项在涵盖地域、所涉领域、奖励对象、奖励内容上十分多样，可谓百花齐放，无论平面媒体还是立体媒体，传统媒体还是新媒体，都能在其中有一席之地。总之，将以前简单的科学普及概念，拓展为"公众理解科学"的新形式，不仅仅关注知识的传授、精神的宣扬，更把激励普通公众去关注、理解乃至反思科学作为目标，一切有利于此的著书立说、新闻报道、广播评论、影视编导、公开讲座、科技展览等种种活动，皆属嘉奖范围之内。纵览上述奖项的获奖名单，会注意到熟悉的名字反复出现，史蒂文·温伯格（Steven Weinberg）、爱德华·威尔逊（Edward O Wilson）、西蒙·辛格（Simon Singh）、马丁·加德纳（Martin Gardner）、卡尔·萨根（Carl Sagan）等，都曾荣膺至少 2~3 项不同奖励，说明他们在科普领域十分活跃，多劳多得，贡献得到了足够重视。尤其温伯格这样的诺奖得主和萨根等大众明星似的人物，他们的重量级，足以使其一言一行都得到更多关注，产生更大反响。这就是科学传播中强者愈强的马太效应。最后尚需说明：在英美还有一些奖项，并非专门的科普/科学传播奖，但因为强调科学的社会责任或鼓励科学与人文领域的交汇，所以有时也颁发给科普人士。如：①美国国家科学院的最高荣誉奖"公共福利奖"（Public Welfare Medal）曾于 1994 年授予卡尔·萨根，理由为"他擅长用通俗语言阐明深奥科学概念，向公众宣扬科学奇迹与价值，激发了无数人的想象力。"同理，萨根还荣膺过美国国家航天局（NASA）的最高荣誉奖"卓越公共服务奖"（NASA Medal for Distinguished Public Service）。②加州大学斯科利普斯海洋研究所（Scripps Institution of Oceanography）的"尼恩伯格科学公共利益奖"（Nierenberg Prize for Science in the Public Interest），奖金 2.5 万美元，至今十位获奖人中约一半为著名科普人士，包括爱德华·威尔逊和理查德·道金斯等。③号称全球金额最高（100 万英镑）的年度大奖"坦普顿奖"（Templeton Prize），亦曾授予上文提及的查尔斯·汤斯（2005 年）、弗里曼·戴森（2000 年）和保罗·戴维斯（1995 年），以表彰他们在沟通科学与人文宗教方面做出的贡献。由此可知，在欧美，科学家和科普工作者全心全意传播科学文化、弘扬科学的人文价值，会有很多的获奖机会，可以名利双收，而不必苦心孤诣、默默奉献。英美的绝大多数科学传播奖项，都建有专门网站（有的甚至只接受网络申报），其背景资料、参奖方法、评奖模式、奖励内容十分详尽，为科普工作者参奖带来了极大便利。

综上所述，在奖励内容上，国外的科普奖项在各学科领域和各年龄层的覆盖面很广。比如在不同学科、不同专业上国外有美国国家海洋和大气局的"科学传播人士奖"、物理联合会的"科学传播奖"、英国物理学会的"开尔文奖"等这种学科类、行业类或专项类的科普奖项；在不同年龄段上，有专门面向青年科研人员、离退休老科技工作人员等不同年龄层面的科普奖项。

在奖励的运作机制上，国外科普奖项可以从参奖选拔方式、评委构成及评奖标准与过程三方面进行借鉴。参奖选拔方式可以与图书出版商联系，保证民间每年都有新书参与评选，也可向多媒体和新媒体（网络）开放，提高透明度，让更多人有参选的机会。针对于评委构成，国外科普奖项有着来自各个领域的专业评委，也有包含受众对象在内的大众评委；评选过程方面，国外的评奖过程会经过多轮的严格斟酌与筛选，公开每轮的评选标准和结果。这种清晰的评奖过程减少了评奖结果带来的麻烦，也提高了公众对于奖项的认可。

最后在奖励激励机制上，国外大部分科普奖项都有固定的颁奖频率，且多数为一年一次，极少数为两年一次，这也是国外科普奖项有着持久影响力的原因。

# 第三章　国内科技奖励和科普奖励体系发展现状

## 第一节　国内科技奖励体系

### 一、国家科技奖励

（一）科技奖励制度建设

科技奖励是在党中央、国务院的高度重视和关怀下，不断创新发展起来的，体现了党和国家"尊重劳动、尊重知识、尊重人才、尊重创造"的重要方针。

1949年9月，中国人民政治协商会议第一次全体会议通过了《共同纲领》，第43条明确规定："努力发展自然科学，以服务于工业农业和国防的建设，奖励科学的发现和发明，普及科学知识。"1955年，国务院发布《中国科学院科学奖金暂行条例》，1957年1月进行了首次评审。1963年11月，国务院发布《发明奖励条例》和《技术改进条例》，初步形成覆盖科学研究、技术发明与技术改进的全链条科技奖励体系。

1978年全国科学技术大会奖励了7 600多项科技成果，标志着科技奖励制度恢复。1978年恢复国家发明奖，1979年设立国家自然科学奖，1984年设立科学技术进步奖。1985年，国务院批准成立国家科学技术奖励工作办公室，标志着科技奖励组织体系基本建成。1993年6月，国务院修订发布《自然科学奖励条例》《发明奖励条例》《科学技术进步奖励条例》。1994年设立国际科学技术合作奖。

1999年5月，国务院颁布《国家科学技术奖励条例》。1999年12月，科技部发布《国家科学技术奖励条例实施细则》《省、部级科学技术奖励管理办法》《社会力量设立科学技术奖管理办法》，增设国家最高科学技术奖。根据2003年12月20日《国务院关于修改〈国家科学技术奖励条例〉的决定》的第一次修订，2008年12月，科技部颁布《关于修改〈国家科学技术奖励条例实施细则〉的决定》，对科技奖励制度及评审体系进行了修改完善，标志着具有中国特色的科技奖励体系基本建立；根据2013年7月18日《国务院关于废止和修改部分行政法规的决定》对《国家科学技术奖励条例》做了第二次修订。2017年7月7日，科技部关于进一步鼓励和规范社会力量设立科学技术奖的指导意见（国科发奖〔2017〕196号）。2020年10月7日中华人民共和国国务院令第731号对《国家科学技术奖励条例》做了第三次修订。

（二）国家科学技术奖介绍

为奖励在科技进步活动中做出突出贡献的个人、组织，国务院设立了五项国家科学技术奖：国家最高科学技术奖、国家自然科学奖、国家技术发明奖、国家科学技术进步奖和中华人民共和国国际科学技术合作奖。

**1. 国家最高科学技术奖**

国家最高科学技术奖于 2000 年由中华人民共和国国务院设立，由国家科学技术奖励委员会负责，是中国五个国家科学技术奖中最高等级的奖项，授予在当代科学技术前沿取得重大突破或者在科学技术发展中有卓越建树，在科学技术创新、科学技术成果转化和高技术产业化中创造巨大经济效益或者社会效益的科学技术工作者。2000 年国家最高科学技术奖正式设立。2004 年国家最高科学技术奖第一次出现空缺。2015 年第二次出现空缺。

根据 2019 年 1 月国家科学技术奖励委员会官网显示，国家最高科学技术奖每年评选一次，每次授予不超过两名，由国家主席亲自签署、颁发荣誉证书、奖章和 800 万元奖金。截至 2020 年 1 月，共有 33 位杰出科学工作者获得该奖。

**2. 国家自然科学奖**

国家自然科学奖是由中华人民共和国国务院设立，由国家科学技术奖励委员会负责的奖项，是中国五个国家科学技术奖之一，授予在基础研究和应用基础研究中，阐明自然现象、特征和规律，做出重大科学发现的公民。

国家自然科学奖分为一等奖、二等奖两个等级，对做出特别重大科学发现或者技术发明的公民，对完成具有特别重大意义的科学技术工程、计划、项目等做出突出贡献的公民、组织，可以授予特等奖。国家自然科学奖、国家技术发明奖、国家科学技术进步奖每年奖励项目总数不超过 300 项。国家自然科学奖由国务院颁发证书和奖金。国家自然科学奖的奖金数额由国务院科学技术行政部门会同财政部门规定。

### 3. 国家技术发明奖

国家技术发明奖授予运用科学技术知识做出产品、工艺、材料及其系统等重大技术发明的中国公民。产品包括各种仪器、设备、器械、工具、零部件以及生物新品种等；工艺包括工业、农业、医疗卫生和国家安全等领域的各种技术方法；材料包括用各种技术方法获得的新物质等；系统是指产品、工艺和材料的技术综合。

属国内外首创的重大技术发明，技术思路独特，技术上有重大的创新，技术经济指标达到了同类技术的领先水平，推动了相关领域的技术进步，已产生了显著的经济效益或者社会效益，可以评为一等奖。

属国内外首创，或者国内外虽已有、但尚未公开的重大技术发明，技术思路新颖，技术上有较大的创新，技术经济指标达到了同类技术的先进水平，对本领域的技术进步有推动作用，并产生了明显的经济效益或者社会效益，可以评为二等奖。

### 4. 国家科学技术进步奖

国家科学技术进步奖主要授予在技术研究、技术开发、技术创新、推广应用先进科学技术成果、促进高新技术产业化，以及完成重大科学技术工程、计划等过程中做出创造性贡献的中国公民和组织。国家科技进步奖设一等奖、二等奖两个奖励等级。

### 5. 中华人民共和国国际科学技术合作奖

中华人民共和国国际科学技术合作奖设立于 1994 年，是国务院设立的国家级科技奖励，1995 年正式授奖。《国家科学技术奖励条例》规定，中华人民共和国国际科学技术合作奖授予对中国科学技术事业做出重要贡献的外国人或者外国组织。国际科学技术合作奖每年授奖数额不超过 10 个。1995 年至 2019 年，共有 24 个国家的 128 位外籍专家和 2 个国际组织（国际水稻研究所、国际玉米小麦改良中心）、1 个外国组织（美国德州大学 MD 安德森癌症中心）被授予"中华人民共和国国际科学技术合作奖"。

## 二、各部委科技奖励

### （一）水利部

为进一步规范水利部表彰奖励活动，充分发挥表彰奖励的激励和引导作用，更好地调动广大干部职工的积极性、主动性和创造性，提高工作效率，促进水利事业又好又快发展，根据国家有关规定，结合水利工作实际，制定本办法。表彰活动指水利部及流域机构、水利社团面向全国水利系统（或跨地区、跨流域、跨行业）表彰先进集体、先进个人的活动，包括定期表彰和专项表彰。

定期表彰包括人力资源和社会保障部、水利部联合表彰的"全国水利系统先进集体、先进工作者和劳动模范"，各流域机构表彰的"××水利委员会（流域管理局）先进集体和先进个人"，中国水利企业协会表彰的"优秀水利企业、优秀水利企业家"等项目。专项表彰指在处置突发性事件、重大专项工作等特殊情况中做出贡献，经国务院表彰奖励主管部门批准，水利部组织开展的表彰活动。

评比活动指水利部主管的社团按照业务工作标准对工作成果进行等级划分的活动。具体包括中国水利学会评审的"大禹水利科学技术奖"、中国水利水电勘测设计协会评选的"全国优秀水利水电勘测设计奖"和中国水利工程协会评选的"水利工程优质（大禹）奖"等项目。

**1. 大禹水利科学技术奖**

大禹水利科学技术奖是按国家关于社会力量办奖的精神举办的。奖励委员会负责奖励的领导和管理工作；国科司负责奖励的指导和监督工作；中国水利学会和科技推广中心负责奖励的具体工作。大禹水利科学技术奖的设立和实施，对于在水利行业实施"科教兴国"战略，充分发挥科技奖励的激励和导向作用，鼓励和引导水利科技工作者攀登科技高峰，促进水利科技进步，推动水利事业的发展，具有十分重要的意义。大禹水利科学技术奖与以往的水利部科技进步奖最主要的不同是奖励范围更宽，因而更能体现水利行业特色。它打破了以往部门科技进步奖的地区、部门界限，将奖励对象确定为凡为水利事业发展和水利科技进步做出贡献的单位和个人，奖励经实践证明具有重大经济效益、社会效益和生态效益的科技成果。

**2. 全国优秀水利水电勘测设计奖**

全国优秀水利水电工程勘测设计奖是水利水电勘测设计行业最高奖项。历次评奖评选出一大批组织规范、设计优秀、施工先进、质量优良、运行可靠、效益显著的获奖项目，引领和推动了水利水电勘测设计行业的技术进步与科技创新，为同类工程树立了良好的标杆和榜样。

全国优秀水利水电工程勘测设计奖包括优秀水利水电工程勘测奖、优秀水利水电工程设计奖、优秀水利水电工程标准设计奖、优秀水利水电工程勘测设计计算机软件奖。各奖项分设金质奖、银质奖和铜质奖三级，全国优秀水利水电工程勘测设计奖一般每两年评选一次。

**3. 水利工程优质（大禹）奖**

中国水利工程优质（大禹）奖（简称大禹工程奖），是水利工程行业优质工程的最高奖项，是以工程质量为主，兼顾工程建设管理、工程效益和社会影响等因素的优秀工程，由中国水利工程协会（简称中水协）组织评选。大禹工程奖评选对象为我国境内已经建成并投入使用的水利工程，原则上以批准的初步设计作为一个项目评选。获奖单位为工程建设项目法人（或建设单位）与主要参建单位。大禹工程奖每年评选一次。评选工作按申报、初审、复查与现场抽查、评审和奖励等程序进行。中水协对获奖工程的工程建设项目法人（或建设单位）授予大禹工程奖奖牌、荣誉证书；对主要参建单位授予荣誉证书。

（二）生态环境部

环境保护科学技术奖是根据国家科学技术奖励工作办公室公告（国科奖字第 11 号）而设立的环保类奖项，旨在奖励在环境保护科学技术活动中做出突出贡献的单位和个人，调动广大环保科学技术工作者的积极性和创造性，促进环保科技事业发展。

2002 年国家环保总局办公厅发布《关于开展环境保护科学技术奖励工作的通知》，设立环境保护科学技术奖。2003 年环境保护科学技术奖首次颁发。2007 年 3 月 27 日国家环境保护总局对《环境保护科学技术奖励办法》进行了修订。根据中华人民共和国环境保护部官网显示，环境保护科学技术奖每年评选一次。截至 2017 年 12 月，环境保护科学技术奖一共评选了 15 次，一共有 731 个项目获得该奖。其中，一等奖 62 项，二等奖 275 项，三等奖 390 项，科普类奖 4 项。

环保科技奖面向全社会，凡涉及环境保护领域科学技术成果的完成单位、组织或个人均可申报。环保科技奖每年评审一次，奖励项目分为环境保护技术类研究项目和环境保护软科学类研究项目两类。环保科技奖设一等奖、二等奖、三等奖。一等奖获奖数量不超过申报项目总和的 5%；二等奖获奖数量不超过申报项目总和的 15%；三等奖获奖数量不超过申报项目总和的 20%。

（三）教育部

为鼓励高等学校教师和科技工作者围绕国家战略需求、经济社会发展需要与世界科技前沿开展科技创新和成果转化，推动高等学校创新人才培养，根据《国家科学技术奖励条例》，结合高等学校实际情况，教育部设立高等学校科学研究优秀成果奖（科学技术），包含自然科学奖、技术发明奖、科学技术进步奖、青年科学奖这四类奖项。

高等学校科学研究优秀成果奖（科学技术）实行提名制，每年提名、评审一次。教育部设立高等学校科学研究优秀成果奖（科学技术）工作办公室（以下简称奖励工作办公室），负责奖励管理、评审组织等工作。奖励工作办公室设在教育部科学技术司。

高等学校科学研究优秀成果奖（科学技术）实行定标定额。自然科学奖、技术发明奖、科学技术进步奖设一等奖、二等奖，对于特别优秀的成果可授予特等奖。青年科学奖不设等级。高等学校科学研究优秀成果奖（科学技术）每年奖励总数不超过 310 项。

（四）文化和旅游部

为奖励在推动文化科技进步工作中作出成绩的单位和个人，充分发挥广大文化科技人员的积极性和创造性，以促进文化事业的发展,根据《中华人民共和国科学技术进步奖励条例》有关规定,结合文化部门实际情况,特制定本办法。符合以下条件之一的,可申请文化部科学技术进步奖:

一是应用于文化事业诸方面的新技术、新产品、新工艺、新材料、新方法,在科学技术水平上属于:国内首创的、本行业先进的、经过实际应用证明是有一定社会效益或经济效益的;二是有充分论据,经实际应用证明有显著效果的新的文化科技理论研究成果;三是在推广、转让、应用文化科技成果工作中,取得显著社会效益和经济效益的;四是在技术标准、科技信息等技术基础工作和文化科技发展等软科学研究中做出创造性贡献,取得较大的社会效益或经济效益的;五是在科技管理工作中,做出显著成绩的。

文化部设立文化部科学技术进步奖评审委员会,负责文化部科学技术进步奖评审工作。评审委员会下设评审办公室和若干评审组。评审办公室负责申报项目的形式审查、登记入档等日常工作。评审组中各专业评审组负责评定三等奖、四等奖项目并向评审委员会推荐一等奖、二等奖项目;科技管理评审组负责向评审委员会推荐科技管理奖和科技成果推广奖项目。评审委员会负责评定一等奖、二等奖和科技管理、科技成果推广奖项目,并核准三等奖、四等奖项目。

(五)交通运输部

中国航海学会科学技术奖创办于2002年,由中国航海学会主办。它对在航海领域(包括:交通、海军、海洋、渔业)中对决策和管理提供理论和实践依据与方法的软科学研究;应用于航海领域现代化建设的优秀科学成果、标准化和科技情报研究成果;在航海领域的技术改造,重大工程设计、建设和运营、安全生产中推广、采用、消化、吸收国内外已有的先进科学技术成果中作出成绩的个人和组织等进行奖励。它的设立对促进我国航海事业的发展具有重要意义。

根据《国家科学技术奖励条例》和科学技术部1999年12月26日发布的《省、部级科学技术奖励管理办法》中关于"国务院所属其他部门不再设立部级科学技术奖"的规定,"交通部科学技术进步奖"的评审工作已于2000年终止,并同时通告：2002年3月11日国家科学技术奖励工作办公室按有关规定,批准中国航海学会设立"中国航海学会科学技术奖"。据此,中国航海学会将自2002年起开展"中国航海学会科学技术奖"的奖励工作。中国航海学会科学技术奖自2002年起,每年评定一次,这标志着交通部在2000年终止交通部科学技术进步奖的评审工作、时隔两年以后,我国水运行业（另包括海军、海洋、渔业等航海领域）有了自己的科技奖。中国航海学会办公室设中国航海科技奖励工作办公室,负责评审的组织工作和奖励的日常工作。

中国航海学会科学技术奖的奖励等级,按其所奖项目的科学技术水平、经济效益、社会效益和对科学技术进步的作用大小分为三个等级,均属于荣誉性奖,仅颁发奖状与证书。

（六）国家林业和草原局

中国林业青年科技奖由原林业部于1995年设立,每两年评选一次,它的前身是中国林学会青年科技奖。激发广大林业青年科技工作者的创新创造热情,引导广大林业青年科技工作者投身创新争先行动,努力造就千百万青年科技英才,为建设世界林业科技强国贡献智慧和力量。

主要奖励三个方面：一是在林业自然科学研究领域取得重要的、

创新性的成就和做出了突出贡献的；二是在工程技术方面取得重大的、创造性的成果和做出突出贡献，并有显著应用成效的；三是在科学技术普及、科技成果推广转化、科技管理工作中取得突出成绩，产生显著的社会效益或经济效益的。

（七）中国气象局

气象科学技术进步奖励的范围包括：应用于我国经济、国防建设和气象业务建设的气象科学技术成果；推广、采用已有的先进气象科学技术成果和其他成果；气象科学技术管理以及气象标准、气象计量、气象科技情报等方面的成果。该奖项每年评定一次。

中国气象局气象科学技术进步奖分下列四等：一等奖励 4 000 元；二等奖励 2 500 元；三等奖励 1 500 元；四等奖励 1 000 元。各省级气象局（含中国气象局直属单位）气象科学技术进步奖励条例自行拟定。两级气象科学技术进步奖的奖金分别在两级气象事业费中支付。

中国气象局气象科学技术进步奖奖金的分配原则是按贡献大小合理分配，对起主导性作用的气象科技人员，其奖金不得少于 50%，不搞平均主义。奖金分配办法原则上由项目或课题负责人牵头与其他主要完成者协商提出分配方案，经项目或课题主持单位核准后执行。

（八）自然资源部

各省自然资源厅科技主管部门和部各直属单位负责奖励项目的推荐工作。各省自然资源厅科技主管部门和部各直属单位对报奖材料要进行认真审核，经初审合格后统一推荐报部指定地点。申报国土资源科学技术奖项目实行限额择优推荐，严格按照下达的指标推荐。

自然资源部聘请有关专家组成专家委员会，负责奖励项目的评审工作；在国际合作与科技司设立国土资源科学技术奖励办公室，负责奖励评审工作的组织实施工作。

国土资源科学技术奖每年评审一次，获奖人数和获奖单位数实行限额。中国土地学会、中国地质学会和中国地质矿产经济学会，推荐名额不限。设一等奖、二等奖两个等级。一等奖、二等奖获奖数不超过推荐成果数的40%，且不超过70项。其中，一等奖获奖成果应具备竞争国家科学技术奖的条件，每年评选控制在10项左右，且不超过推荐成果数的10%。

国土资源科学技术奖按照"两会三审"制评审产生。"两会"指专业评审组评审会和奖励委员会终审会。"三审"指专业评审组初审、专业评审组会议评审、奖励委员会终审。对获奖成果完成单位和完成人颁发证书。

（九）公安部

公安部设立公安部科学技术奖，授予在公安科学技术发明和促进公安科学技术进步等方面作出创造性贡献的单位或者个人。在科学研究、技术开发项目中仅从事组织管理和辅助服务的工作人员，以及任务下达单位的人员，不得作为公安部科学技术奖的候选人。

公安部科学技术奖分为技术开发和成果转化、技术基础、技术发明三个类别。公安部科学技术奖分为一等奖、二等奖、三等奖三个等级，每年评审一次，获奖项目总数不超过40项。

## （十）人力资源和社会保障部

**1. 中国青年科技奖**

中国青年科技奖是在钱学森、朱光亚等老一辈科学家提议下于 1987 年设立的，每两年评选一届，每届表彰不超过 100 个名额。中国青年科技奖是中共中央组织部、人力资源和社会保障部、中国科协、共青团中央共同设立并组织实施，面向全国广大青年科技工作者的奖项，旨在造就一批进入世界科技前沿的青年学术和技术带头人；表彰奖励在国家经济发展、社会进步和科技创新中做出突出成就的青年科技人才；激励广大青年科技工作者为实现全面建设小康社会的奋斗目标，加快推进社会主义现代化建设做出新的贡献。

**2. 全国创新争先奖**

为进一步团结引领广大科技工作者在建设世界科技强国进程中创新争先，经中央批准，中国科协、科技部、人力资源和社会保障部、国务院国资委共同设立全国创新争先奖，表彰奖励在创新争先行动中做出突出成绩的科技工作者和集体。

表彰范围和名额：先进个人 300 名，奖励一线在职、做出重大贡献的优秀科技工作者，颁发全国创新争先奖状，对其中 30 名做出卓越贡献的科技工作者颁发全国创新争先奖章；先进集体 10 个，奖励科技工作者团队，颁发全国创新争先奖牌。

奖励方式：人力资源和社会保障部、中国科协、科技部、国资委联合印发表彰决定，对获奖个人和团队颁发证书、奖章（奖状、奖牌），并按有关规定发放奖金，其中全国创新争先奖章获得者享受省部级先进工作者和劳动模范待遇。

## 三、各省市科学技术奖励体系

省级科学技术奖可以分类奖励在科学研究、技术创新与开发、推广应用先进科学技术成果以及实现高新技术产业化等方面取得重大科学技术成果或者做出突出贡献的个人和组织。省、自治区、直辖市人民政府所属部门不再设立科学技术奖。省级科学技术奖由省、自治区、直辖市人民政府颁发获奖证书和奖金。省级科学技术奖的奖励经费由地方财政列支。以下为我国各省市有关科学技术奖励办法。

（一）北京市科学技术奖励办法

北京市科学技术奖包括以下奖项：突出贡献中关村奖、杰出青年中关村奖、国际合作中关村奖、自然科学奖、技术发明奖、科学技术进步奖。

（1）突出贡献中关村奖旨在奖励在科学研究中取得重大发现，推动科学发展和社会进步，或者在关键核心技术研发中取得重大突破，创造巨大经济社会效益或者生态环境效益的个人。

（2）杰出青年中关村奖旨在奖励在科学研究中取得重要发现，推动相关学科发展，或者在关键核心技术研发中取得创新性突破，推动科技成果转化和产业化的不超过40周岁的个人。

（3）国际合作中关村奖旨在奖励同本市个人和组织开展国际科学技术交流合作，提升本市科技创新国际化水平和全球影响力的外国人。

（4）自然科学奖旨在奖励在基础研究和应用基础研究中阐明自然现象、特征和规律，做出重大科学发现的个人和组织。

(5) 技术发明奖旨在奖励运用科学技术知识在产品、工艺、材料、器件及其系统等研究开发中做出重大技术发明的个人和组织。

(6) 科学技术进步奖旨在奖励完成和应用推广创新性科技成果，为推动科技进步和经济社会发展做出突出贡献的个人和组织。

突出贡献中关村奖、杰出青年中关村奖、国际合作中关村奖不分等级。自然科学奖、技术发明奖、科学技术进步奖各分为一等奖、二等奖两个等级；对做出特别重大科学发现，突破关键核心技术，产生特别重大经济社会效益或者生态环境效益的，可以授予特等奖。市科学技术奖的奖励数量按照市政府有关规定执行。市科学技术奖每年评审一次。市科学技术奖奖金数额由市科学技术行政部门会同市财政部门规定，奖励经费由市财政列支。市科学技术奖由市人民政府颁发证书、奖章和奖金。

（二）河北省科学技术奖励办法

河北省科学技术奖授予在从事科学发现、技术发明、技术开发、完成重大科学技术工程和社会公益性项目等方面做出创造性贡献的公民或者组织，对同一项目授奖的公民、组织按贡献大小排序。省科学技术奖（国际科学技术合作奖除外）所授予的公民、组织，是指在冀的公民、组织，或与在冀公民、组织合作的其他地域的公民或者组织。仅从事组织管理和辅助服务的工作人员，不能作为河北省科学技术奖的候选人。各级政府部门一般不得作为科学技术进步奖的候选单位。

**1. 省科学技术突出贡献奖**

省科学技术突出贡献奖为终身成就奖，是对科技人员长期从事科技工作，并为我省科技、经济、社会发展做出突出贡献的最高奖励,该奖终身只授予一次。省科学技术突出贡献奖的候选人应当热爱祖国,具有良好的科学道德,并仍活跃在当代科学技术前沿,从事科学研究或者技术开发工作,在学科建设、技术创新、产业科学技术进步、人才培养等方面做了突出贡献,为我省相关领域科技创新与发展起到了重要的奠基作用。省科学技术突出贡献奖奖金数额为每人50万元,其中15万元属获奖者个人所得,35万元由获奖者个人自主选题,用作科学研究经费。

**2. 省自然科学奖**

在科学上取得突破性进展,发现的自然现象、揭示的科学规律、提出的学术观点或者其研究方法为国内外学术界所公认和广泛引用,推动了本学科或者相关学科的发展,或者对经济建设、社会发展有重大影响的,可以评为一等奖。在科学上取得重要进展,发现的自然现象、揭示的科学规律、提出的学术观点或者其研究方法为国内外学术界所公认和引用,推动了本学科或者其分支学科的发展,或者对经济建设、社会发展有重要影响的,可以评为二等奖。在科学上取得较大进展,发现的自然现象、揭示的科学规律、提出的学术观点或者其研究方法为国内外学术界所公认和引用,在一定程度上推动了本学科或者其分支学科的发展,或者对经济建设、社会发展有较大影响的,可以评为三等奖。省自然科学奖一等奖、二等奖、三等奖的奖金数额分别为8万元、5万元、2万元。省自然科学奖每个项目授奖人数不超过5人。

**3. 省技术发明奖**

属国内外首创的重大技术发明,技术思路独特,主要技术上有重大的创新,技术经济指标达到了国际同类技术的先进水平,推动了相关领域的技术进步,已产生了显著的经济效益或者社会效益,可以评为一等奖。属国内外首创的重大技术发明，或者国内外虽已有、但尚未公开的重大技术发明，技术思路新颖，主要技术上有较大的创新，技术经济指标达到了国内同类技术的领先水平，对本领域的技术进步有推动作用，并产生了明显的经济效益或者社会效益，可以评为二等奖。属国内外首创，或者国内外虽已有、但尚未公开的技术发明；技术思路新颖，主要技术上有一定的创新，技术经济指标达到了国内同类技术的先进水平，对本领域的技术进步有推动作用，并产生了一定的经济效益或者社会效益，可以评为三等奖。推荐省技术发明奖项目必须具有发明专利，主要完成人应为专利持有人。省技术发明奖一等奖、二等奖、三等奖的奖金数额分别为 8 万元、5 万元、2 万元。省技术发明奖每个项目授奖人数不超过 6 人。

**4. 省科学技术进步奖**

省科学技术进步奖重大工程类奖项仅授予组织。省科学技术进步奖授奖等级根据主要完成人或者主要完成单位所完成的项目进行综合评定，评定项目如下：技术开发项目类、社会公益项目类、重大工程项目类。省科学技术进步奖一等奖、二等奖、三等奖的奖金数额分别为 8 万元、5 万元、2 万元。省科学技术进步奖一等奖每个项目的授奖人数不超过 10 人，单位不超过 5 个；二等奖每个项目的授奖人数不超过 7 人，单位不超过 4 个；三等奖每个项目的授奖人数不超过 5 个，单位不超过 3 个。

**5. 国际科学技术合作奖**

被授予国际科学技术合作奖的外国人或者外国组织，应当具备下列条件之一。一是在与河北省的中国公民或者组织进行合作研究、开发等方面取得重大科技成果，对河北省经济与社会发展有重要推动作用，并取得显著的经济效益或者社会效益。二是在向河北省的中国公民或者组织传授先进科学技术、提出重要科技发展建议与对策、培养科技人才或者管理人才等方面做出了重要贡献，推进了河北省科学技术事业的发展，并取得显著的社会效益或者经济效益。三是在促进河北省与其他国家或者国际组织的科学技术交流与合作方面做出重要贡献，并对河北省的科学技术发展有重要推动作用。

（三）浙江省科学技术奖励办法

为了鼓励科学技术创新，促进科学技术进步和社会经济发展，根据《国家科学技术奖励条例》，浙江省人民政府设立省科学技术奖，奖励在本省科学技术活动中做出突出贡献的个人、单位。

省科学技术奖分为重大贡献奖、一等奖、二等奖、三等奖四个等级。重大贡献奖每两年评审一次，每次授予人数不超过 3 名；一等奖、二等奖、三等奖每年评审一次，奖励科学技术成果项目每年不超过 280 项。

（四）江苏省科学技术奖励办法

江苏省人民政府设立省科学技术奖，奖励在本省科学技术活动中做出突出贡献的单位和个人。

省科学技术奖，包括科学技术突出贡献奖和科学技术一等奖、二等奖、三等奖。由省科学技术行政部门负责省科学技术奖评审的组织工作。省人民政府设立省科学技术奖评审委员会（以下简称评审委员会），负责省科学技术奖的评审工作。科学技术突出贡献奖每两年评审一次，每次授予人数不超过两名。科学技术一等奖、二等奖、三等奖每年评审一次，每次奖励项目总数不超过 200 项，其中一等奖项目不超过 20 项，二等奖项目不超过 60 项。

## (五)湖北省科学技术奖励办法

省科技奖授予在科学发现、技术发明和促进科学技术进步等方面做出创造性突出贡献的公民或者组织,并对同一项目授奖的公民、组织按照贡献大小排序。在科学技术研究、技术开发项目中仅从事组织管理和辅助服务的工作人员,不得作为省科技奖的候选人。省科技奖(国际科学技术合作奖除外)所授予的公民、组织,是指在鄂的公民、组织,或与在鄂的公民、组织合作的其他地域的公民或组织。

湖北省科学技术奖项设置包括省科学技术突出贡献奖、自然科学奖、技术发明奖、科学技术进步奖、科学技术成果推广奖、科技型中小企业创新奖、国际科学技术合作奖。

其中突出贡献奖报请省长签署并颁发证书和奖金。奖金数额为100万元。自然科学奖、技术发明奖、科技进步奖和科技成果推广奖由省人民政府颁发证书和奖金。奖金数额分别为:特等奖50万元、一等奖10万元、二等奖8万元、三等奖4万元。上述奖金归获奖者个人所得。创新奖由省人民政府颁发证书和奖金,奖金数额为8万元。国际科技合作奖由省人民政府颁发证书。

## (六)广东省科学技术奖励办法

省科学技术行政部门负责省科学技术奖评审的组织工作。省科学技术奖评审委员会办公室(以下简称省奖励办公室)设在省科学技术行政部门,负责日常工作。省科学技术奖授予在科学发现、技术发明和促进科学技术进步等方面做出突出贡献的公民、组织。在科学研究、技术开发和促进科学技术进步等方面仅从事组织管理和辅助服务的工作人员，一般不得作为省科学技术奖的候选人。各级人民政府及其所属行政部门一般不得作为省科学技术奖的候选单位。该奖包括自然科学类项目、技术发明类项目、科学技术进步类项目。

省科学技术奖单项授奖人数和授奖单位数实行限额。每个项目的授奖人数和授奖单位数：特等奖的人数原则上不得超过 30 人，单位原则上不得超过 25 个；一等奖的人数不得超过 15 人，单位不得超过 10 个；二等奖的人数不得超过 10 人，单位不得超过 7 个；三等奖的人数不得超过 7 人，单位不得超过 5 个。

省人民政府颁发省科学技术奖证书、奖金。奖励经费由省财政列支。省科学技术奖奖金数额分别为：特等奖 50 万元，一等奖 10 万元，二等奖 5 万元，三等奖 2 万元。

（七）湖南省科学技术奖励办法

湖南省科技奖包括下列类别：省科学技术杰出贡献奖、省自然科学奖、省技术发明奖、省科学技术进步奖、省科学技术创新团队奖、省国际科学技术合作奖。

省科技奖每年评审一次。省科学技术杰出贡献奖、省科学技术创新团队奖、省国际科学技术合作奖不分等级。省科学技术杰出贡献奖每次 1 项，省科学技术创新团队奖每次不超过 5 项，省国际科学技术合作奖每次不超过 4 项，均可以空缺。省自然科学奖、省技术发明奖和省科学技术进步奖分为一等奖、二等奖、三等奖，总数每次不超过 300 项，其中一等奖总数不超过 30 项。对做出特别重大科学发现、技术发明或者创新性科学技术成果的，可以授予特等奖。特等奖不超过 1 项，可以空缺。

省科学技术杰出贡献奖的奖金为 200 万元。省自然科学奖、省技术发明奖和省科学技术进步奖的奖金分别为特等奖 50 万元、一等奖 20 万元、二等奖 10 万元、三等奖 5 万元。省科学技术创新团队奖的奖金为 100 万元。省科技奖奖金标准因适应经济社会发展需要调整的，由省人民政府科学技术主管部门会同财政主管部门拟定调整方案，报省人民政府批准后执行。

（八）上海市科学技术奖励规定

为了奖励在本市科学技术进步活动中做出贡献的个人、组织，调动科学技术工作者的积极性和创造性，促进本市科学技术事业的发展，加快建设具有全球影响力的科技创新中心，根据《国家科学技术奖励条例》《上海市科学技术进步条例》，制定本规定。上海市科学技术奖包括七个类别：科技功臣奖、青年科技杰出贡献奖、自然科学奖、技术发明奖、科技进步奖、科学技术普及奖、国际科技合作奖。

上海市科学技术奖每年评审一次。科技功臣奖、青年科技杰出贡献奖、国际科技合作奖不分等级。自然科学奖、技术发明奖、科技进步奖、科学技术普及奖各分为一等奖、二等奖、三等奖三个等级；为科学发现、技术发明、科技进步、科学技术普及做出特别重大贡献的，可以授予特等奖。自然科学奖、技术发明奖、科技进步奖、科学技术普及奖每年授奖总数合计不超过 300 项。

（九）陕西省科学技术奖励规定

陕西省科学技术奖包括以下几个类别：省科学技术最高成就奖、省基础研究重大贡献奖、省国际科学技术合作荣誉奖、省科学技术奖。

省科学技术奖最高成就奖报请省长签署并颁发证书和奖金。奖金数额为100万元，其中20万元属获奖者个人所得，80万元由获奖者自主选题，用作科研补助经费；省基础研究重大贡献奖报请省长签署并颁发证书和奖金。奖金数额为80万元，其中20万元属获奖者个人所得，60万元由获奖者自主选题，用作科研补助经费；省科学技术奖一等奖、二等奖、三等奖由省人民政府颁发证书和奖金。奖金数额分别为：一等奖6万元、二等奖3万元、三等奖1万元；省国际科学技术合作荣誉奖由省人民政府颁发荣誉证书。

（十）西藏自治区科学技术奖励规定

自治区科学技术奖授予在科学发现、技术发明和促进科学技术进步等方面做出突出贡献的公民或者组织。自治区科学技术奖鼓励科技创新、团结协作和攀登科学技术高峰，促进科学研究、技术开发与经济社会发展紧密结合，加快科技成果转化，推动科教兴藏、人才强藏和创新驱动发展战略的实施。西藏自治区科学技术奖分为杰出贡献奖、一等奖、二等奖、三等奖四个等级。

自治区科学技术杰出贡献奖每次授予人数仅限1人，可以空缺。一等奖项目完成人的人数不得超过20人，完成单位不得超过15个；二等奖项目完成人的人数不得超过15人，完成单位不得超过10个；三等奖项目完成人的人数不得超过10人，完成单位不得超过5个。

（十一）新疆维吾尔自治区科学技术奖励规定

新疆维吾尔自治区科学技术奖项包括以下几个类别：科学技术特别贡献奖、自然科学奖、科学技术进步奖、中青年科学技术创新奖、国际科学技术合作奖。

评奖周期与数量：科学技术特别贡献奖每两年评审一次，不分等级，每次奖励人数不超过 3 名。候选人的成果和贡献达不到自治区科学技术特别贡献奖授奖条件时，可在评审年度空缺；自然科学奖每年评审一次，每次奖励成果不超过 20 项，每项授奖成果的奖励人数不超过 3 人；科学技术进步奖每年评审一次，每次奖励成果不超过 120 项，其中技术发明与开发成果占获奖成果总数的 70%以上，每项授奖人数一等奖不超过 9 人，二等奖不超过 7 人，三等奖不超过 5 人；中青年科学技术创新奖不分等级，每两年评审一次，每次奖励人数不超过 10 名，候选人的成果达不到中青年科学技术创新奖授奖条件时，可在评审年度空缺；国际科学技术合作奖每两年评审一次，不分等级，每次奖励人数不超过 5 名。候选人的成果达不到国际科学技术合作奖条件时，可在评审年度空缺。

（十二）四川省科学技术奖励规定

四川省科学技术奖项包括以下几个类别：科学技术杰出贡献奖、科学技术进步奖。其中科学技术进步奖包括：自然科学类、技术发明类、科技进步类和国际科技合作类。

四川省科学技术杰出贡献奖每年授奖人数不超过 2 人（可以空缺）。

四川省科学技术进步奖自然科学类单项授奖人数一等奖不超过 6 人、二等奖不超过 5 人、三等奖不超过 4 人。四川省科学技术进步奖技术发明类单项授奖人数一等奖不超过 7 人、二等奖不超过 6 人、三等奖不超过 5 人。四川省科学技术进步奖科技进步类特等奖单项授奖人数不超过 15 人，单位不超过 15 个；一等奖单项授奖人数不超过 10 人，单位不超过 9 个；二等奖单项授奖人数不超过 8 人，单位不超过 7 个；三等奖单项授奖人数不超过 6 人，单位不超过 5 个。四川省科学技术进步奖国际科技合作类每年授奖数额不超过 5 个（可以空缺）。

科学技术杰出贡献奖由省人民政府报请省长签署并颁发证书和奖金；科学技术进步奖自然科学类、技术发明类和科技进步类由省人民政府颁发证书和奖金。科学技术进步奖国际科技合作类由省人民政府颁发证书。科学技术奖项奖金数额由省科学技术厅与省财政厅另行公布。

四川省科学技术奖每年评审一次。其中：四川省科学技术进步奖自然科学类、技术发明类和科技进步类每年授奖项目总数不超过 300 项。其中，每个类别的特等奖项目各不超过 1 项（可以空缺），一等奖项目不超过该奖类奖励项目总数的 10%，二等奖项目不超过该奖类奖励项目总数的 25%。

（十三）宁夏自治区科学技术奖励规定

宁夏自治区科学技术奖项包括以下几个类别：自治区科学技术重大贡献奖、自治区科学技术进步奖、自治区对外科学技术合作奖。

自治区科学技术奖每年评审一次。自治区科学技术重大贡献奖和对外科学技术合作奖，每次授予项目均不超过 2 项且不分等级。自治区科学技术进步奖分为一等奖、二等奖、三等奖，授奖比例为 1：3：6，授奖项目总数不超过 100 项；自治区科学技术重大贡献奖、自治区科学技术进步奖一等奖、二等奖和自治区对外科学技术合作奖，在没有符合条件的项目时，可以空缺。

自治区科学技术重大贡献奖奖金为人民币 100 万元，其中 70 万元奖励科研团队组成人员，30 万元作为科研团队的科研补助经费；

自治区科学技术进步奖一等奖、二等奖、三等奖奖金分别为人民币 30 万元、20 万元、10 万元；自治区对外科学技术合作奖奖金为人民币 30 万元。

自治区科学技术重大贡献奖由自治区主席签署并颁发证书和奖金。自治区科学技术进步奖、自治区对外科学技术合作奖由自治区人民政府颁发证书和奖金。自治区科学技术奖的奖金由自治区财政专项列支；自治区科学技术奖的评审工作经费列入自治区科学技术行政部门经费预算。

（十四）海南省科学技术奖励规定

海南省科学技术奖项包括以下几个类别：省自然科学奖、省技术发明奖、省科学技术进步奖、省国际科学技术合作奖。

省自然科学奖每个项目的授奖单位和授奖人数：特等奖单位不超过 8 个，个人不超过 10 人；一等奖单位不超过 6 个，个人不超过 8 人；二等奖单位不超过 5 个，个人不超过 6 人；三等奖单位不超过 4 个，个人不超过 5 人；省技术发明奖每个项目的授奖单位和授奖人数：特等奖单位不超过 8 个，个人不超过 10 人；一等奖单位不超过 6 个，个人不超过 8 人；二等奖单位不超过 5 个，个人不超过 6 人；三等奖单位不超过 4 个，个人不超过 5 人。

省科学技术进步奖每个项目的授奖单位和授奖人数：特等奖单位不超过 10 个，个人不超过 15 人；一等奖单位不超过 8 个，个人不超过 10 人；二等奖单位不超过 6 个，个人不超过 8 人；三等奖单位不超过 5 个，个人不超过 6 人。省国际科学技术合作奖不设等级，可空缺。

省自然科学奖、省技术发明奖和省科学技术进步奖由省人民政府颁发证书和奖金。省国际科学技术合作奖由省人民政府颁发证书。省自然科学奖、省技术发明奖和省科学技术进步奖的奖金标准：特等奖 20 万元，一等奖 10 万元，二等奖 5 万元，三等奖 3 万元。奖金标准调整，由省科学技术行政部门会同省财政部门拟定，报省人民政府批准。省科学技术奖的奖励经费列入省级财政预算。

（十五）云南省科学技术奖励规定

云南省科学技术奖项包括以下几个类别：云南省科学技术杰出贡献奖、云南省自然科学奖、云南省技术发明奖、云南省科学技术进步奖、云南省科学技术合作奖。

云南省科学技术杰出贡献奖、云南省科学技术合作奖不分等级。云南省自然科学奖、云南省技术发明奖、云南省科学技术进步奖分为一等奖、二等奖、三等奖三个等级；对做出特别重要科学发现或者技术发明的公民，对完成具有特别重要意义的科学技术工程、计划项目等做出突出贡献的公民、组织，对在科学技术创业方面做出突出贡献的公民，可以授予特等奖。云南省科学技术奖每年评审一次。

云南省科学技术杰出贡献奖每年授予人数不超过 1 名。云南省自然科学奖、云南省技术发明奖、云南省科学技术进步奖每年奖励项目总数不超过 200 项。其中特等奖不超过 4 项；一等奖不超过 20 项；二等奖不超过 40 项。云南省科学技术合作奖每年奖励项目不超过 3 项。各奖励类别及等级的实际奖励项目数额，根据每年评审的实际情况予以确定。

云南省科学技术杰出贡献奖由省长签署并颁发证书和奖金。奖金数额 300 万元，其中 40 万元属获奖者个人所得，260 万元由获奖者用作科学技术研究经费，并按照省科学技术计划项目进行管理；

云南省自然科学奖、云南省技术发明奖、云南省科学技术进步奖由省人民政府颁发证书和奖金。奖金数额分别为：特等奖25万元，一等奖15万元，二等奖8万元，三等奖3万元。云南省科学技术合作奖由省人民政府颁发证书。云南省科学技术奖的奖金数额需要提高时，由省人民政府批准执行。云南省科学技术奖的奖励经费由省财政专项安排。

（十六）河南省科学技术奖励规定

河南省科学技术奖项包括以下几个类别：省科学技术杰出贡献奖、省科学技术进步奖、省科学技术合作奖。省科学技术奖每年评审一次。

省科学技术杰出贡献奖每年授予的人数不得超过 2 名；省科学技术进步奖每年的奖励项目不得超过 350 项；省科学技术杰出贡献奖、省科学技术合作奖不分等级。省科学技术进步奖分为一等奖、二等奖、三等奖。

省科学技术杰出贡献奖报请省长签署并颁发证书和奖金；省科学技术进步奖由省人民政府颁发证书和奖金；省科学技术合作奖由省人民政府颁发证书。

省科学技术杰出贡献奖的奖金数额由省人民政府规定；省科学技术进步奖的奖金数额，由省科学技术行政部门会同省财政部门规定。省科学技术奖的奖励经费由省财政列支。

（十七）青海省科学技术奖励规定

青海省科学技术奖项包括以下几个类别：科学技术重大贡献奖、科学技术进步奖、科学技术国际合作奖。

省科技奖每年评审一次。科学技术重大贡献奖不超过 1 项，授奖人数一般为 1 名；科学技术进步奖不超过 15 项；科学技术国际合作奖不超过 2 项。科学技术重大贡献奖、科学技术国际合作奖不设等级；科学技术进步奖设一等奖、二等奖两个等级。

奖励标准：科学技术重大贡献奖 50 万元；科学技术进步奖一等奖每项 8 万元，二等奖每项 4 万元；科学技术国际合作奖只颁发证书。科学技术重大贡献奖和科学技术进步奖由省人民政府颁发荣誉证书和奖金；科学技术国际合作奖由省人民政府颁发证书。

（十八）安徽省科学技术奖励规定

安徽省科学技术奖项包括以下几个类别：自然科学类、科学技术进步类、技术合作类。

省科技奖除技术合作类奖不分等级以外，分为特等奖、一等奖、二等奖、三等奖。省科技奖每年评审一次。省科技奖每年奖励项目总数不超过 180 项。

省科技奖特等奖、一等奖、二等奖和三等奖的奖金数额由省科学技术行政部门会同省财政部门规定。省科技奖的奖励经费由省财政列支。

（十九）福建省科学技术奖励规定

福建省科学技术奖项包括以下几个类别：科学技术重大贡献奖、科学技术进步奖、技术发明奖、自然科学奖等四个类别。

福建省科学技术重大贡献奖不分等级，每两年评审一次，每次授奖人数不超过 2 名。福建省科学技术进步奖、技术发明奖、自然科学奖每年评审一次，每年授奖项目不超过 200 项，分设一等奖、二等奖、三等奖三个等级。

科学技术重大贡献奖的奖励荣誉和奖金由获奖人个人享有。科学技术进步奖、技术发明奖、自然科学奖的奖励荣誉由项目成果主要完成单位和主要完成人共享，奖金由主要完成人按照贡献大小分享。

福建省科学技术重大贡献奖、科学技术进步奖、技术发明奖、自然科学奖奖金具体数额由省科学技术奖励委员会办公室提出，报省人民政府批准。

（二十）贵州省科学技术奖励规定

贵州省科学技术奖项包括以下几个类别：省最高科学技术奖、省自然科学奖、省技术发明奖、省科学技术进步奖和省科学技术合作奖。省科学技术奖每年授奖一次。

省最高科学技术奖不分等级，每年授予人数不超过 2 人。

省自然科学奖、省技术发明奖、省科学技术进步奖授奖等级根据候选人或候选单位所做出的科学发现进行综合评定，分一等奖、二等奖、三等奖三个等级。省自然科学奖、省技术发明奖、省科学技术进步奖每年奖励项目总数不超过 120 项，其中，一等奖不超过 12 项，一等奖、二等奖总数不超过 40 项。省自然科学奖、省技术发明奖、省科学技术进步奖每项授奖人数和授奖单位实行限额。一等奖的授奖人数不超过 9 人，单位不超过 7 个；二等奖的授奖人数不超过 7 人，单位不超过 5 个；三等奖的授奖人数不超过 5 人，单位不超过 3 个。

省科学技术合作奖不分等级，每年奖励项目总数不超过 5 项。

省最高科学技术奖报请省长签署并颁发荣誉证书和奖金。省最高科学技术奖的奖金数额为 100 万元，其中 50 万元属获奖者个人所得，50 万元由获奖者用作自选科技研发项目、研发平台建设和科技人才培养经费；省自然科学奖、省技术发明奖、省科学技术进步奖和省科学技术合作奖由省人民政府颁发荣誉证书和奖金。奖金全部发给获奖者个人（重大工程项目类发给组织），任何单位或个人不得截留或从中提成。省自然科学奖、省技术发明奖、省科学技术进步奖奖金金额分别为：一等奖 15 万元，二等奖 10 万元，三等奖 5 万元。省科学技术合作奖奖金金额为 5 万元。

（二十一）甘肃省科学技术奖励规定

甘肃省科学技术奖项包括以下几个类别：甘肃省科技功臣奖、甘肃省自然科学奖、甘肃省技术发明奖、甘肃省科技进步奖。

省科学技术奖每年评选一次。甘肃省科技功臣奖每次授予人数不超过 1 名，可以空缺；甘肃省自然科学奖、甘肃省技术发明奖、甘肃省科技进步奖设一等奖、二等奖和三等奖，授奖比例为 1∶4∶5，授奖项目总数不超过 150 项。

甘肃省科技功臣奖获得者，授予"甘肃省科技功臣"荣誉称号，省人民政府颁发荣誉证书和奖金；甘肃省自然科学奖、甘肃省技术发明奖、甘肃省科学技术进步奖由省人民政府颁发证书和奖金。甘肃省科技功臣奖奖金为 80 万元。甘肃省自然科学奖、甘肃省技术发明奖、甘肃省科学技术进步奖分一等奖、二等奖、三等奖三个等级，奖金分别为 8 万元、4 万元、2 万元。省科学技术奖的奖励和评审经费由省财政列支。省科学技术奖奖金免征个人所得税。

（二十二）广西省科学技术奖励规定

广西省科学技术奖项包括以下几个类别：科学技术特别贡献类

特等奖，自然科学类一等奖、二等奖、三等奖，技术发明类一等奖、二等奖、三等奖，科学技术进步类一等奖、二等奖、三等奖。

广西科学技术奖科学技术特别贡献类特等奖每年奖励不超过 2 项（人），根据实际情况可以空缺。自然科学类、技术发明类以及科学技术进步类，每年奖励项目总数不超过 160 项。广西科学技术奖每年评审一次。

广西科学技术奖由自治区人民政府颁发荣誉证书。广西科学技术奖由自治区人民政府颁发奖金。科学技术特别贡献类的奖金数额为每项（人）100 万元。自然科学类、技术发明类、科学技术进步类的奖金数额为：一等奖 20 万元，二等奖 12 万元，三等奖 6 万元。

广西科学技术奖获奖项目奖金按完成人员贡献大小分配，任何单位和个人不得截留和挪用。广西科学技术奖奖金和奖励工作经费在自治区本级财政预算中专项列支。建立奖励工作后评估制度，委托第三方机构对广西科学技术奖励工作进行评估，促进奖励工作不断完善。

（二十三）天津市科学技术奖励规定

天津市科学技术奖项包括以下五个类别：科技重大成就奖、自然科学奖、技术发明奖、科学技术进步奖、国际科学技术合作奖。

天津市科学技术奖每年评审一次，天津市科技重大成就奖和国际科学技术合作奖不分等级，自然科学奖、技术发明奖、科学技术进步奖分为一等奖、二等奖、三等奖。

天津市科技重大成就奖报请市长签署并颁发证书和奖金；自然科学奖、技术发明奖、科学技术进步奖颁发证书和奖金；国际科学技术合作奖报请市长签署并颁发证书和奖牌。天津市科学技术奖奖金数额由市人民政府规定，奖励经费由市财政专项列支。

（二十四）重庆市科学技术奖励规定

重庆市科学技术奖项包括以下几个类别：科技突出贡献奖、自然科学奖、技术发明奖、科技进步奖、企业技术创新奖、国际科技合作奖。

科技突出贡献奖、企业技术创新奖和国际科技合作奖不分等级。自然科学奖、技术发明奖、科技进步奖分为一等奖、二等奖、三等奖三个等级；对做出特别重大科学发现或者技术发明的个人、组织，对完成具有特别重大意义的科学技术工程、计划、项目等做出显著贡献的个人、组织，可以授予特等奖；科技突出贡献奖、国际科技合作奖每两年评审一次，每次授奖人（组织）数分别不超过 2 名（个）；自然科学奖、技术发明奖、科技进步奖每年评审一次，授奖项目总数不超过 150 项；企业技术创新奖每年评审一次，授奖数不超过当年授奖项目总数的 10%。市科学技术奖授奖项目可以空缺。

市人民政府召开年度科学技术奖励大会，对获奖者予以表彰。科技突出贡献奖报请市长签署并颁发证书和奖金。自然科学奖、技术发明奖、科技进步奖由市人民政府颁发证书和奖金；企业技术创新奖由市人民政府颁发证书；国际科技合作奖报请市长签署并颁发证书；市科学技术奖的奖励经费在市财政专项经费中列支。

（二十五）山西省科学技术奖励规定

山西省科学技术奖项包括以下几个类别：科学技术杰出贡献奖、自然科学奖、技术发明奖、科学技术进步奖、企业技术创新奖、科学技术合作奖。

科学技术进步奖一等奖单项授奖人数不超过 10 人，授奖单位不超过 7 个；二等奖单项授奖人数不超过 8 人，授奖单位不超过 6 个；三等奖单项授奖人数不超过 6 人，授奖单位不超过 5 个。

科学技术合作奖一等奖单项授奖人数不超过 10 人，授奖单位不超过 7 个；二等奖单项授奖人数不超过 8 人，授奖单位不超过 6 个；三等奖单项授奖人数不超过 6 人，授奖单位不超过 5 个。

科学技术杰出贡献奖报请省长签署并颁发证书和奖金。省科学技术杰出贡献奖每项奖金数额为 300 万元。

自然科学奖、技术发明奖、科学技术进步奖、企业技术创新奖和科学技术合作奖由省科学技术厅代表省人民政府颁发证书和奖金。

自然科学奖、技术发明奖、科学技术进步奖、科学技术合作奖每项奖金数额为：一等奖 50 万元、二等奖 20 万元、三等奖 10 万元。省企业技术创新奖每项奖金数额为 60 万元。

### （二十六）辽宁省科学技术奖励规定

辽宁省科学技术奖项包括以下几个类别：科学技术功勋奖、自然科学奖、技术发明奖、科学技术进步奖、国际科学技术合作奖。

科学技术功勋奖、国际科学技术合作奖不分等级。科学技术功勋奖每次授予人数不超过 10 名，国际科学技术合作奖每次授予数额不限。自然科学奖、技术发明奖、科学技术进步奖各分为一等奖、二等奖、三等奖三个等级，每年奖励项目总数不超过 300 项。科学技术功勋奖每两年评审一次，其他科学技术奖每年评审一次。

科学技术功勋奖报请省长签署并颁发证书和奖金；国际科学技术合作奖由省政府颁发证书；自然科学奖、技术发明奖、科学技术进步奖均由省政府颁发证书和奖金。科学技术功勋奖、自然科学奖、技术发明奖、科学技术进步奖奖金数额由省政府确定。科学技术奖奖励经费由省财政列支，具体数额由省科学技术行政部门会同省财政部门确定。

（二十七）吉林省科学技术奖励规定

吉林省科学技术奖项包括以下几个类别：省科学技术特殊贡献奖；省自然科学奖；省技术发明奖；省科学技术进步奖；省国际科学技术合作奖。

省科学技术特殊贡献奖和省国际科学技术合作奖不分等级；省自然科学奖和省技术发明奖各设一等奖、二等奖、三等奖三个等级；省科学技术进步奖设特等奖、一等奖、二等奖、三等奖四个等级。省自然科学奖、省技术发明奖、省科学技术进步奖每年奖励项目总数由省科学技术奖励委员会确定。

省科学技术特殊贡献奖每两年评审一次。省科学技术奖其他奖项每年评审一次。

省科学技术特殊贡献奖报请省长签署并颁发证书和奖金；省国际科学技术合作奖报请省长签署并颁发证书和奖牌；省自然科学奖、省技术发明奖、省科学技术进步奖由省科学技术奖励委员会颁发证书和奖金。省科学技术奖的奖金数额由省政府确定和调整，奖励经费和评审经费由省财政列支。

（二十八）黑龙江省科学技术奖励规定

黑龙江省科学技术奖项包括以下几个类别：最高科学技术奖类、自然科学类、技术发明类、科学技术进步类和国际科学技术合作类奖。

技术发明类奖单项授奖人数实行限额，特等奖和一等奖的人数不超过 11 人，授奖单位不超过 7 个；二等奖的人数不超过 9 人；三等奖的人数不超过 7 人；二等奖、三等奖授奖单位不超过 5 个。

科学技术进步类奖单项授奖人数实行限额。特等奖和一等奖的人数不超过 11 人，授奖单位不超过 7 个；二等奖的人数不超过 9 人；三等奖的人数不超过 7 人；二等奖、三等奖授奖单位不超过 5 个。

国际科学技术合作类奖不分等级，每年授奖数额不超过 3 人（项）。

最高科学技术奖由省长签批；省政府颁发证书和奖金，奖金数额为 50 万元；自然科学类、技术发明类、科学技术进步类由省政府颁发证书和奖金。奖金数额为：特等奖 20 万元，一等奖 6 万元，二等奖 2 万元，三等奖 1 万元。以上奖金免纳个人所得税。国际科学技术合作类奖由省政府颁发荣誉证书，不发奖金。

（二十九）江西省科学技术奖励规定

江西省科学技术奖项包括以下几个类别：科学技术特别贡献类、自然科学类、技术发明类、科学技术进步类、国际科学技术合作类。

科学技术特别贡献类和国际科学技术合作类的省科学技术奖不分等级。自然科学类、技术发明类和科学技术进步类的省科学技术奖分为一等奖、二等奖、三等奖三个等级。每年的奖励项目总数约为 100 项，由省科学技术行政部门提出，经省科学技术奖励委员会审定报省人民政府批准。

科学技术特别贡献类的省科学技术奖由省长签署并颁发证书和奖金。自然科学类、技术发明类和科学进步类的省科学技术奖由省人民政府颁发证书和奖金。国际科学技术合作类的省科学技术奖由省人民政府颁发证书。

省科学技术奖的奖励经费每年 600 万左右，纳入当年省财政预算专项列支。科学技术特别贡献类的省科学技术奖的奖金为 100 万元，其中 20 万元属获奖者个人所得，80 万元由获奖者自主选题，用作科学研究经费。自然科学类、技术发明类和科学技术进步类的省科学技术奖一等奖奖金为 10 万元，二等奖奖金为 6 万元，三等奖奖金为 2 万元。

（三十）山东省科学技术奖励规定

山东省科学技术奖项包括以下几个类别：省科学技术最高奖、省自然科学奖、省技术发明奖、省科学技术进步奖和山东省国际科学技术合作奖。

省科学技术最高奖和山东省国际科学技术合作奖不分等级。省自然科学奖、省技术发明奖和省科学技术进步奖设一等奖、二等奖和三等奖三个等级。省科学技术最高奖每年授奖人数不超过 2 名。山东省国际科学技术合作奖每年授奖数量不限。省自然科学奖、省技术发明奖和省科学技术进步奖每年授奖项目总数不超过 500 项。

省科学技术最高奖报请省长签署并颁发荣誉证书和奖金。省自然科学奖、省技术发明奖、省科学技术进步奖由省人民政府颁发荣誉证书和奖金。山东省国际科学技术合作奖报请省长签署并颁发荣誉证书和奖牌。省科学技术最高奖的奖金为每人 100 万元。省自然科学奖、省技术发明奖和省科学技术进步奖一等奖、二等奖、三等奖的奖金分别为 10 万元、5 万元、2 万元。省科学技术奖的奖励经费列入省级财政预算。

## （三十一）内蒙古自治区科学技术奖励规定

内蒙古自治区人民政府设立自治区科学技术奖，自治区科学技术奖包括以下几个奖项类别：科学技术特别贡献奖、自然科学奖、科学技术进步奖、中青年科学技术创新奖、国际科学技术合作奖。

科学技术特别贡献奖每两年评审一次，不分等级，每次奖励人数不超过 3 名。候选人的成果和贡献达不到自治区科学技术特别贡献奖授奖条件时，可在评审年度空缺。

自然科学奖、科学技术进步奖等级分为一、二、三等奖。自然科学奖每年评审一次，每次奖励成果不超过 20 项。每项授奖成果的奖励人数不超过 3 人。科学技术进步奖每年评审一次，每次奖励成果不超过 120 项，其中技术发明与开发成果占获奖成果总数的 70% 以上。每项授奖人数一等奖不超过 9 人，二等奖不超过 7 人，三等奖不超过 5 人。

中青年科学技术创新奖不分等级，每两年评审一次，每次奖励人数不超过 10 名。候选人的成果达不到中青年科学技术创新奖授奖条件时，可在评审年度空缺。

国际科学技术合作奖每两年评审一次，不分等级，每次奖励人数不超过 5 名。候选人的成果达不到国际科学技术合作奖条件时，可在评审年度空缺。

中国政府科技奖励体系采用层级递进制模式，最高为国家级科技奖励，共有五项，分别为：最高国家科学技术奖，国家自然科学奖，国家技术发明奖，国家科学技术进步奖以及国家科学技术合作奖。31 个省级科技奖励的设置较为丰富，有的只设立一类科技奖励，有的则多达七类。各个省份的奖励设置类别以及奖项名称如下表所示。

表 3-1　不同省份设置的科技奖励一览表

| 类别数量 | 奖项名称 | 省份 | 备注 |
|---|---|---|---|
| 一类 | 科学技术奖 | 江苏、浙江、西藏、陕西 | 科学技术奖分为重大贡献奖、一等奖、二等奖、三等奖四个级别 |
| 二类 | 科技杰出贡献奖<br>科技进步奖 | 四川 | |
| 三类 | 科学技术杰出贡献奖<br>科学技术进步奖<br>科学技术合作奖 | 安徽、广东、宁夏、青海、河南 | 安徽和广东无科学技术杰出贡献奖，而是自然科学奖；科技杰出贡献奖在不同省份说法不同，宁夏、青海为科技重大贡献奖 |
| 四类 | 科技重大贡献奖<br>自然科学奖<br>技术发明奖<br>科学技术进步奖 | 福建、甘肃、广西、海南 | 科技重大贡献奖在不同省份说法不同，甘肃为科技功臣奖、广西为科技特别贡献奖。海南无科技重大贡献奖，而是国际科技合作奖 |
| 五类 | 科技突出贡献奖<br>自然科学奖<br>技术发明奖<br>科技进步奖<br>国际科技合作奖 | 天津、河北、新疆、辽宁、吉林、黑龙江、江西、山东、云南、贵州、内蒙古 | 科技突出贡献奖在不同省份说法不同，新疆和内蒙古为科技特别贡献奖、天津为科技重大成就奖、辽宁为科技功勋奖、吉林为科技特殊贡献奖等。贵州、黑龙江、山东无科技突出贡献奖，为最高科技奖。新疆、内蒙古无技术发明奖，为中青年科技创新奖 |
| 六类 | 科技突出贡献奖<br>企业技术创新奖<br>国际科技合作奖<br>自然科学奖<br>技术发明奖<br>科学技术进步奖 | 北京、湖南、重庆、山西 | 北京前三项为突出贡献中关村奖、杰出青年中关村奖、国际合作中关村奖；湖南企业技术创新奖为科技创新团队奖 |

续表

| 类别数量 | 奖项名称 | 省份 | 备注 |
|---|---|---|---|
| 七类 | 科学技术突出贡献奖<br>自然科学奖<br>技术发明奖<br>科技进步奖<br>科技成果推广奖<br>科技型中小企业创新奖<br>国际科技合作奖 | 湖北、上海 | 上海无科技突出贡献奖，为青年科技杰出贡献奖和科技功臣奖，另专门设立了科学技术普及奖 |

表3-2 各省份科技奖励金额分布情况（单位：万元）

| | 特别奖 | 特等奖 | 一等奖 | 二等奖 | 三等奖 | 其他 |
|---|---|---|---|---|---|---|
| 北京 | — | — | 20 | 10 | 5 | |
| 上海 | 50 | — | 20 | 10 | 5 | |
| 天津 | 50 | — | 8 | 3 | 1 | |
| 重庆 | 100 | 30 | 10 | 5 | 2 | |
| 河北 | 50 | | 8 | 5 | 2 | 特别奖为科技突出贡献奖 |
| 山西 | 300 | | 50 | 20 | 10 | 省企业技术创新奖为60万元 |
| 辽宁 | 10 | | 5 | 2 | 0.7 | |
| 吉林 | 50 | — | 3 | 1.2 | 0.5 | |
| 黑龙江 | 50 | 20 | 6 | 2 | 1 | 特别奖为最高科技奖 |
| 江苏 | 200 | | — | — | — | |
| 浙江 | 50 | — | 10 | 5 | 1 | |
| 安徽 | — | | 5 | 2 | 1 | |
| 福建 | 50 | | 5 | 3 | 1 | |
| 江西 | 100 | | 10 | 6 | 2 | 特别奖为科技特别贡献奖 |

续表

| | 特别奖 | 特等奖 | 一等奖 | 二等奖 | 三等奖 | 其他 |
|---|---|---|---|---|---|---|
| 山东 | 100 | — | 10 | 5 | 2 | 特别奖为科技最高奖 |
| 河南 | 100 | | — | — | — | |
| 湖北 | 100 | 50 | 10 | 8 | 4 | 湖北省科技型中小企业创新奖奖金为8万元 |
| 湖南 | 200 | 50 | 20 | 10 | 5 | 特别奖为科技杰出贡献奖,省科技创新团队奖奖金为100万元 |
| 广东 | — | 50 | 10 | 5 | 2 | |
| 海南 | — | 20 | 10 | 5 | 3 | |
| 四川 | 50 | — | — | — | — | |
| 贵州 | 100 | — | 15 | 10 | 5 | 贵州省科学技术合作奖奖金为5万元 |
| 云南 | 300 | 25 | 15 | 8 | 3 | 特别奖为科技杰出贡献奖 |
| 陕西 | 100 | — | 6 | 3 | 1 | 特别奖为科技最高成就奖;另省基础研究重大贡献奖奖金为80万元 |
| 甘肃 | 80 | — | 8 | 4 | 2 | 特别奖为科技功臣奖 |
| 青海 | 50 | — | 8 | 4 | — | 特别奖为科技重大贡献奖 |
| 内蒙古 | 100 | — | 10 | 5 | 2 | 中青年科学技术创新奖8万元 |
| 广西 | 100 | — | 20 | 12 | 6 | 特别奖为科技特别贡献奖 |
| 宁夏 | 100 | — | 30 | 20 | 10 | 特别奖为自治区科技重大贡献奖,自治区对外科技合作奖奖金为30万元 |
| 新疆 | — | 50 | 4 | 2 | 1 | |
| 西藏 | — | 50 | 5 | 2 | 1 | |
| 平均 | 101.6 | 38.3 | 12.2 | 6.3 | 2.9 | |

## 四、社会力量科技奖励

社会力量设立科学技术奖是指社会组织或个人利用非国家财政性经费，在中华人民共和国境内设立，奖励为促进科技进步做出突出贡献的个人或组织的科学技术奖。社会力量设奖有利于促进政府科技奖励体制的发展和完善，有利于激励科技人员创新创业，有利于全社会形成尊重知识、尊重人才的良好风尚。

中国社会力量设奖的主体范围十分广泛，其中一级学会和行业协会设奖占主导地位。据统计，截至2019年底，经科技部批准准予登记的全国性社会力量设奖已达298项。其中由一级学会、协会设立的有214项，占全部社会力量设奖总数的72%。科研院所及其他单位设奖有12项，占总数的4%；各类基金会设奖33项，占总数的11%；企业和个人设奖39项，占总数的13%。

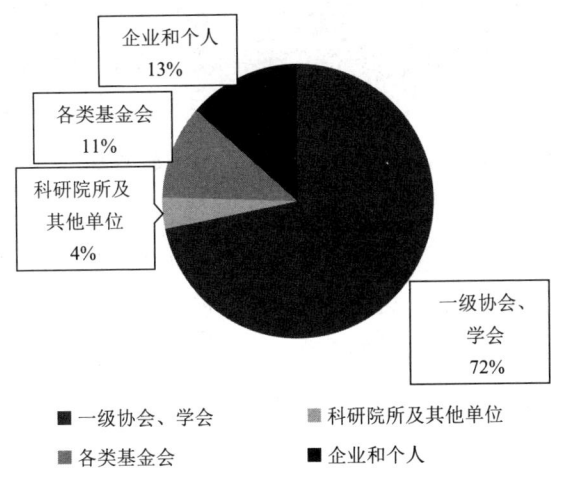

图3-1 截止到2019年底全国性社会力量奖分布占比

## （一）中国老科学技术工作者协会奖

为激励在创新驱动发展事业中积极探索，勇于创新，做出突出贡献的老科技工作者和组织，根据《中华人民共和国科技进步法》和《中国老科学技术工作者协会章程》，中国老科学技术工作者协会（以下简称"中国老科协"）设立中国老科学技术工作者协会奖（以下简称"中国老科协奖"）。

中国老科协奖每年表彰一次，提名、评审和授奖坚持公平、公正、公开的原则。中国老科协奖范围：奖励在建言献策、人才培养、科技创新、技术推广、科学技术普及、科技扶贫、企业技术进步、为老科技工作者服务等事业中的老科技工作者、专兼职工作人员和老科协组织。凡已退休或女性55周岁以上、男性60周岁以上的老科技工作者均可被推荐为中国老科协奖候选人。其中事迹特别突出的，可被评选授予"突出贡献奖"，在老科协秘书处工作满五年的工作人员年龄不受限制。曾获得"老科协奖""突出贡献者""先进集体奖"的个人和单位，五年内不再参加评选；已获"老科协奖"的个人，又有新的突出事迹和重大贡献，可申报参加"突出贡献奖"的评选。

中国老科协奖应具备的条件之一是：发挥智库作用，做好决策咨询、建言献策工作，为党和政府科学决策服务；创新科普工作方式，丰富科普工作内容，突出老科协科普工作特色，为提高全民科学素质服务；发挥自身优势，做好服务三农、服务企业、助力创新创业活动、为经济和社会发展服务；发挥科研传帮带作用，突出科学道德和学风建设，扶持青年科技工作者，为培养科技后备人才队伍服务；深化改革，加强老科协组织建设，竭诚为老科技工作者服务。

奖励组织：中国老科协负责奖励的组织和终审工作。中国老科协设立奖励评选委员会，由各相关领域具有高尚道德情操、工作经验丰富、热心老科技工作事业的专家组成。评选委员会设主任1名、副主任若干名和秘书长1名。评选委员会委员经中国老科协批准、颁发聘任书后，独立行使职能，负责评选工作。

奖励名额与方式：①中国老科协奖每年评选的获奖总数不超过200名，遇到重大活动可适当调整。其中在建言献策、科学技术普及、经济社会发展、人才培养、自身建设与服务等各占一定比例。每年获奖人数比例视年度提名和推荐情况而定。②评选委员会在等额确定中国老科协奖获奖者的基础上，对被推荐为突出贡献奖的人选经过酝酿讨论，通过无记名投票，差额确定10名突出贡献获奖者候选人，遇到重大活动可适当调整名额。未被评为突出贡献奖候选人的人选为突出贡献奖提名奖。③奖励方式是为获得中国老科协奖的个人或组织颁发证书及奖章或奖牌。

（二）全国优秀科技工作者

"全国优秀科技工作者"评选由中国科学技术协会负责组织实施。"全国优秀科技工作者"是中国科协于1997年面向广大科技工作者设立的奖项，2009年经全国清理规范评比达标表彰工作联席会议办公室批准保留。2010年上半年，中国科协对原有"全国优秀科技工作者"评选表彰办法进行了修改和完善。随后，中国科协所属各全国学会、协会、研究会，各省、自治区、直辖市和新疆生产建设兵团科协，解放军总政治部等推荐单位按照分配名额自下而上开展了评选推荐工作。

从2010年起，全国优秀科技工作者将每两年评选一次，面向中国各领域的基层一线工作科技工作者。每次表彰人数不超过 1 000 名，每次在中国科协会员日活动期间表彰。"全国优秀科技工作者"称号对被授予者只授一次，为终身荣誉。全国优秀科技工作者评选活动是于 1997 年经中国科协五届五次常委会议批准开展的，先后分别于 1997 年、2001 年、2004 年，共三次评选表彰了 785 名优秀科技工作者。

评选范围为在自然科学、技术科学、工程技术以及相关科学领域从事科技研究与开发、普及与推广、科技人才培养或促进科技与经济结合，并在第一线工作的中国科技工作者。全国优秀科技工作者每次评选、表彰不超过 1 000 名，从中提名 50 名"十佳全国优秀科技工作者"人选，评选产生"十佳全国优秀科技工作者"。

评选条件为：一是在科学研究、技术开发或科研辅助工作中，有创新性成果或推动学科和技术发展；二是在企业生产实践中，开发或应用新技术，取得明显经济效益；三是在农业生产中，推广先进实用技术，有效促进农业增产和农民增收，保障食品安全和生态环境；四是在科普工作中，取得突出成绩；五是在卫生医疗等公益事业中，为公众提供优良的科技服务并广受好评；六是在国防科技中做出突出贡献。

在中国科协会员日活动期间对全国优秀科技工作者、十佳全国优秀科技工作者进行表彰，颁发荣誉证书和奖章。中国科协所属各全国学会、协会、研究会，各省、自治区、直辖市科协和新疆生产建设兵团科协通过一定方式表彰和宣传本学会、本地区的获奖者。

（三）中华中医药学会科学技术奖

设奖者与承办机构均为中华中医药学会，奖励周期为一年一次，分为基础研究和应用研究两类奖励,每年奖励 42 项。其中一等奖 4 项,每项奖金 2 万元;二等奖 8 项,每项奖金 1 万元;三等奖 30 项,每项奖金 5 千元。主要奖励在全国中医药领域中发现和提出本科学领域新规律、新学说、新概念等研究成果,以及中医药的基础理论实质和客观规律研究成果;(本学科)基础研究和应用基础研究的新理论、新方法、新方案等成果中做出突出贡献的组织和个人。

(四)宋庆龄少年儿童发明奖

设奖者和承办机构为宋庆龄基金会,奖励周期为一年一次。设金奖 3 项、银奖 8 项、铜奖 15 项和优秀奖若干。特别奖励全国儿童发明作品,特别是近三年内在国家级创造发明活动中获奖的少年儿童作品,发明者年龄应在 16 岁以下,特殊发明奖的对象为不超过 18 岁的少年儿童。

(五)中国民用航空协会科学技术奖

设奖者和承办机构为中国民用航空协会,奖励周期为一年一次。奖励分三个等级,奖励数量不定。其中一等奖每项奖金 2 万元,二等奖每项奖金 1 万元,三等奖每项奖金 6 千元。奖励为全国民航的科技进步,在基础研究、成果开发及推广应用和基本建设、技术改造中采用新技术、新产品、新工艺取得的优秀科技成果的组织和个人。

(六)华罗庚数学奖

设奖者为中国数学会与湖南教育出版社,承办机构为中国数学会。奖励周期为两年一次,每次奖励两人,每人奖励 2.5 万元。奖励在数学领域做出杰出学术成就,年龄在 50 岁以上的中国数学工作者。

### （七）环境保护科学技术奖

环保科技奖每年评审一次，奖励项目分为环境保护技术类研究项目和环境保护软科学类研究项目两类。奖励分三个等级，奖励数量不定。一等奖每项奖金 1 万元，二等奖每项奖金 6 千元，三等奖每项奖金 3 千元。奖励在全国环境保护行业的基础研究、科技成果开发、创新及推广中做出突出贡献的组织和个人。

### （八）何梁何利基金科学与技术奖

设奖者为何梁何利基金信托委员会，承办机构为国家科学技术奖励工作办公室。奖励周期为一年一次，分为两类奖励。1.科学与技术成就奖每人奖励 100 万港元，每年不超过 5 名；2.科学与技术进步奖每人奖励 10 万港元，后增至 20 万港元，人数不定。奖励对推动科学技术事业发展有杰出贡献；热爱祖国，积极为国家现代化建设服务，有高尚的社会公德和职业道德；在国内科学技术研究院（所）、大专院校、企业以及信托委员会认为适当的其他机构从事科学研究、教学或技术工作已满 5 年的中国公民。

### （九）全国总工会职工技术成果奖

设奖者为全国总工会，承办机构为中国职工技术协会。职工技术成果奖设三个等级，每三年评选一次，每次评选表彰不超过 100 项，每项奖金 2 000 元。其中一等奖不超过 5 项，二等奖不超过 20 项，其余为三等奖。奖励范围为奖励在全国群众性经济技术活动中取得优异技术成果的组织和个人。

## （十）中国食品工业协会科学技术奖

设奖者与承办机构均为中国食品工业协会，奖励周期为两年一次。奖励情况为分为四个等级，奖励数量不定。其中：一等奖每项奖金 8 千元，二等奖每项奖金 5 千元，三等奖每项奖金 3 千元，四等奖每项奖金 1 千元。奖励在全国食品加工业、食品制造业、饮料制造业、食品机械行业等领域中的科学研究、技术创新与开发、科技成果推广应用和实现高新技术产业化等方面进行了创造性的工作，以及为推动食品行业科技进步和促进国民经济发展，提高食品工业整体水平，做出了重大贡献的组织和个人。

奖励范围：各重点领域十大科技项目（科研成果）；各重点领域十大科技领军人物；各重点领域十大科技杰出人才；全国食品工业科技竞争力优秀企业。

## （十一）中国黄金协会科学奖

设奖者与承办机构均为中国黄金协会，奖励周期为每两年一次。奖励分为四个等级，每次奖励 10 项。其中特等奖 1 项，奖金 3 万元；一等奖 1 项，奖金 2 万元；二等奖 3 项，每项奖金 1 万元；三等奖 5 项，每项奖金 4 千元。奖励在全国黄金行业中的科学与研究、技术创新与开发、科技成果推广应用和实现新技术产业化等方面取得显著成果的组织和个人。

## （十二）中国石油和化学工业协会科学技术奖

设奖者与承办机构均为中国石油和化学工业协会，奖励周期为一年一次。下设发明奖、科技进步奖、国际合作奖项，每项奖项分为两个等级,奖励数量不定。其中:一等奖每项奖金 1 万元;二等奖每项奖金 5 万元。奖励在全国石油和化工行业的科学技术研究、技术发明和科技推广应用中,做出突出贡献的国内外组织和个人。

(十三)中国电子学会电子信息科学技术奖

设奖者与承办机构均为中国电子学会,奖励周期为一年一次。每年奖励1~3项,每项奖金2万元。奖励在全国电子信息行业的科学研究、技术创新与开发、科技成果推广应用和实现产业化方面取得显著成绩或作出突出贡献的组织和个人。

(十四)中国劳动保护科学会科学技术奖

设奖者与承办机构均为中国劳动保护科学技术奖,奖励周期为两年一次。奖励分为三个等级,奖励数量不定。其中:一等奖每项奖金1万元,二等奖每项奖金6千元,三等奖无奖金。奖励在全国安全生产科学技术领域的技术创新、科学研究和成果推广等方面取得显著突出成绩的组织和个人。

(十五)中国技术市场协会金桥奖

设奖者与承办机构均为中国技术市场协会,奖励周期为两年一次。奖励情况为不设奖金,属于荣誉奖。集体奖200个,个人奖150名。奖励范围为奖励在全国技术市场建设和发展过程中,积极从事高新技术开发,技术转让咨询和中介服务,为科技成果转化、生产力促进、加速高技术产业化、国际化以及技术进出口工作做出突出贡献的组织和个人。

## （十六）中国通信学会科学技术奖

设奖者与承办机构均为中国通信学会，奖励周期为两年一次。奖励情况分为三个等级，每年奖励数量不定。奖励范围为在通信科学研究、技术创新与开发、实现高新技术产业化和科技成果推广应用等方面取得的科研成果或做出突出贡献的组织和个人。

## （十七）中国科学技术发展基金会科技馆发展奖

设奖者为中国科学技术发展基金会科技馆发展基金管理委员会，承办机构为中国科技馆，奖励周期为两年一次。奖励情况分为四类奖励，其中启明奖，奖励 1~5 人；创业奖，奖励 1~10 人；新苗奖，奖励 1~30 人；展品创新奖，每次 5 项。奖励范围为奖励在全国为科技馆事业做出贡献的各界人士，以及在科普活动中，做出具有创新性、可演示性科技展品，年龄在 18 岁以下的青少年。

## （十八）中国造船工程学会科学技术奖

设奖者与承办机构均为中国造船工程学会，奖励周期为一年一次。奖励情况分为三个等级，每次奖励 26 项。其中：一等奖 3 项，每项奖金 1.5 万元；二等奖 8 项，每项奖金 8 千元，三等奖 15 项，每项奖金 5 千元。奖励范围为奖励在全国船舶与海洋工程及其配套产品的技术、产品开发中所完成的科技创新、科技成果转化的基础性研究和应用研究中做出突出贡献的组织和个人。

## （十九）中建总公司科学技术奖

设奖者与承办机构均为中国建筑工程总公司，奖励周期为两年一次。奖励情况为分为四个等级。其中特别奖 1 项,奖金 10 万元;一等奖 5 项,每项奖金 5 万元;二等奖 10 项,每项奖金 2.5 万元,三等奖 25 项,每项奖金 0.8 万元。奖励范围为奖励在全国工程建设的科学研究、勘察设计、生产施工、工程承包等领域中开发的新产品、新材料、新技术、新工艺,并取得一定经济效益和社会效益的科技成果的集体和个人。

表 3–3　社会力量科学技术奖设立汇总

| 名称 | 设奖协会/学会 | 奖励周期 | 奖励形式 |
| --- | --- | --- | --- |
| 中国老科学技术工作者协会奖 | 中国老科学技术工作者协会 | 一年一次 | 证书及奖章或奖牌 |
| 全国优秀科技工作者 | 中国科学技术协会 | 两年一次 | 颁发荣誉证书和奖章 |
| 中华中医药学会科学技术奖 | 中华中医药学会 | 一年一次 | 一等奖 2 万元;二等奖 1 万元;三等奖 5 千元 |
| 宋庆龄少年儿童发明奖 | 宋庆龄基金会 | 一年一次 | 金奖、银奖、铜奖和优秀奖 |
| 中国民用航空协会科学技术奖 | 中国民用航空协会 | 一年一次 | 一等奖 2 万元;二等奖 1 万元;三等奖 6 千元 |
| 华罗庚数学奖 | 中国数学会 | 两年一次 | 奖励两人,每人奖励 2.5 万元 |
| 中国环境科学学会环境保护科学技术奖 | 中国环境科学学会 | 一年一次 | 一等奖 1 万元;二等奖 6 千元;三等奖 3 千元 |
| 何梁何利基金科学与技术奖 | 何梁何利基金信托委员会 | 一年一次 | 科学与技术成就奖每人奖励 100 万港元;科学与技术进步奖每人奖励 10 万港元 |
| 全国总工会职工技术成果奖 | 中国职工技术协会 | 三年一次 | 每次评选表彰不超过 100 项,每项奖金 2 000 元 |

续表

| 名称 | 设奖协会/学会 | 奖励周期 | 奖励形式 |
|---|---|---|---|
| 中国食品工业协会科学技术奖 | 中国食品工业协会 | 两年一次 | 一等奖8千元；二等奖5千元；三等奖3千元；四等奖1千元 |
| 中国黄金协会科学奖 | 中国黄金协会 | 两年一次 | 特等奖3万元；一等奖2万元；二等奖1万元；三等奖4千元 |
| 中国石油和化学工业协会科学技术奖 | 中国石油和化学工业协会 | 一年一次 | 一等奖1万元；二等奖5千元 |
| 中国电子学会电子信息科学技术奖 | 中国电子学会 | 一年一次 | 每年奖励1~3项，每项奖金2万元 |
| 中国劳动保护科学会科学技术奖 | 中国劳动保护科学技术学会 | 两年一次 | 一等奖1万元；二等奖6千元；三等奖无奖金 |
| 中国技术市场协会金桥奖 | 中国技术市场协会 | 两年一次 | 无奖金，属于荣誉奖。集体奖200个，个人奖150名 |
| 中国通信学会科学技术奖 | 中国通信学会 | 两年一次 | 分为三个等级 |
| 中国科学技术发展基金会科技馆发展奖 | 中国科学技术发展基金会科技馆发展基金管理委员会 | 两年一次 | |
| 中国造船工程学会科学技术奖 | 中国造船工程学会 | 一年一次 | 一等奖1.5万元；二等奖8千元，三等奖5千元 |
| 中建总公司科学技术奖 | 中国建筑工程总公司 | 两年一次 | 特别奖10万元；一等奖5万元；二等奖2.5万元；三等奖0.8万元 |

## 第二节 国内科普奖励体系

### 一、国家科普奖励

虽然我国国家科学技术奖未单独设立科普作品奖，但在 2004 年《国家科学技术奖励条例实施细则》修订颁布，将科普作品纳入国家科学技术进步奖中的社会公益类项目奖励范围并给予奖励。2005 年，国家科技奖励办公室首次开展了科普著作类项目的受理和评审工作。据统计，2005~2016 年获"国家科技进步奖"的科普图书共有 39 部，平均每年有 3 部之多（李叶等，2019）。

2005~2019 年这 15 年间共有 57 部科普作品获得国家科技进步奖（图 3-2），获奖的作品涉及的学科领域较为丰富，包括百科类、数学、生物、医学、资源环境、气象、物理、农业、国防教育等（图 3-3），可以看出，生物、医学、百科类数目居多，而气象、物理类较少。从获奖作品提名单位来看，中国科协提名的作品有 21 部获奖

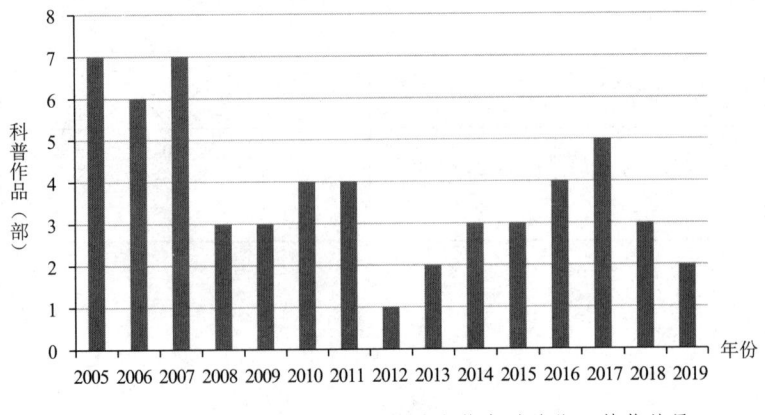

图 3-2 2005~2019 年国家科技进步奖中科普作品获奖数量

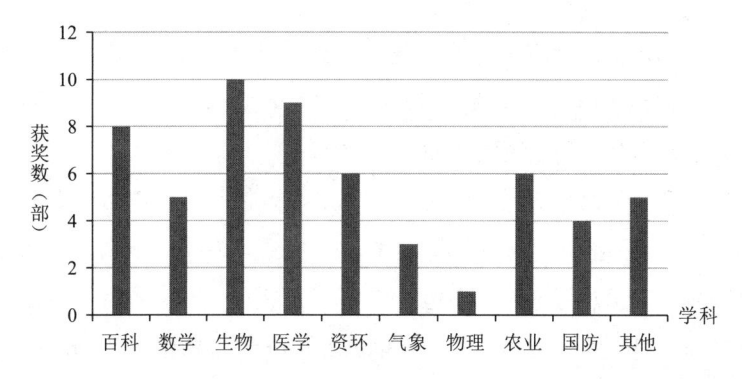

图 3–3　2005~2019 年国家科技进步奖中科普作品不同领域获奖数

位居首位、上海市提名的作品有 7 部获奖位居次位。国家科技进步奖中科普项目类奖项是我国政府和科技界对科普创作的最高荣誉，极大地鼓舞和调动了科学家以及广大科普创作者们的创作热情，从而创作出更多更优秀的科普作品。

## 二、各省市科普奖及科普作品奖设立

### （一）北京市优秀科普作品奖

"北京市优秀科普作品奖"评选由中共北京市委宣传部、北京市科学技术协会、北京市新闻出版局、北京市科学技术委员会、北京市广播电视局共同主办。旨在通过评奖，激励广大科普创作出版工作者、科普宣传工作者的积极性，发现、选拔优秀科普创作和宣传人才，推介优秀科普作品，提高科普创作和科普宣传水平，促进首都精神文明建设，繁荣首都科学文化事业，全面推动"人文北京科技北京绿色北京"建设。评选本着公平、公正、公开的原则，力求评出方向、评出水平、评出人才。

评选范围：北京市优秀科普作品奖设四个评选项目，是科普图书，报刊科普作品，广播电视科普节目及音像制品、电子出版物、网络游戏作品，科技新闻作品。

参评数量：出版社可推荐科普图书、音像制品、电子出版物、网络游戏产品参评，每单位推荐每一类不超过 2 部；报刊杂志社可推荐科普文章，每位作者不超过 2 篇；广播电台、电视台可推荐科普广播节目、科普电视作品，每单位推荐每一类不超过 5 部；新闻推荐数，每单位不超过 5 篇。

奖项设立：奖项名称为"北京市优秀科普作品奖"，包括优秀科普图书，优秀报刊科普作品、优秀广播电视科普节目及音像制品、电子出版物、网络游戏作品，优秀科技新闻。

奖励办法：获奖作品的作者、责任编辑，可获得获奖证书及奖金，奖金由作者（译者）与责任编辑共同获得。其中作者（译者）占 70%，责任编辑占 30%。

（二）上海市优秀科普作品奖

上海市优秀科普图书由上海市科学技术委员会组织开展，评选要求如下：科普图书（含译著和再版图书）应同时具备以下条件：一是符合党的路线、方针、政策，符合法律、法规，具备普及科学知识、倡导科学方法、传播科学思想、弘扬科学精神的内涵，有利于推动上海科普事业发展，有利于提升公民科学素质；二是作者应承诺参选作品的原创性，保证拥有参选作品的自主知识产权，不存在知识产权争议；三是科普图书须为上海单位出版；四是文字应为简体中文，语言应为普通话；五是未曾获过省部级以上科技进步奖或被科技部等国家行政管理部门、中国科协、中国作协评选为优秀科普作品；六是系列图书应为全部出版完成的作品，不接受丛书中的单册或部分作品。

（三）安徽省优秀科普作品奖

"安徽省科普作家协会优秀科普作品奖"每年评选一次，以便与"中国科普作家协会优秀科普作品奖""出版政府奖""科技进步奖"评选活动以及国家科技部优秀科普作品评选活动相衔接。

评选范围：安徽省科普作家协会优秀科普作品奖的评选范围，分为"优秀科普图书奖""优秀科普影视动画奖""优秀科普短篇作品奖""优秀科普活动案例奖"四个类别。

评选条件：作品融思想性、科学性、艺术性和实用性于一体，格调健康向上，能够启迪智慧，激励人们爱科学、学科学、用科学；作品在普及科技知识，宣传科技成果，培育科技人才，促进现代化建设和改善人民生活方面取得显著效果；编校质量达到国家规定的合格品标准。推荐图书（含电子书）须附上出版管理部门的质检证明；作品受众面广，产生了较好的社会效益和经济效益。

奖项与奖励：安徽省科普作家协会优秀科普作品奖分为"优秀科普图书奖""优秀科普影视动画奖""优秀科普短篇作品奖""优秀科普活动案例奖"四类。各奖项设一等奖、二等奖、三等奖，名额均不超过 3、6、10~15 名（视参评作品情况确定名额）。为肯定与鼓励初评单位的工作成绩，设立组织奖，名额不超过 5 名。对获得安徽省科普作家协会优秀科普作品奖一等奖、二等奖、三等奖的作者与出品者颁发奖励证书。获得一等奖的作品，可作为参评上一级相关奖项评选的候选作品。

## （四）江苏省优秀科普作品奖

江苏省优秀科普作品评选作品范围为：科普图书类、科普报刊类、新媒体科普作品类。

参评条件：有较高的思想性、科学性；有很强的贴近性、创新性、时代性、艺术性和实用性；质量合格。其中图书编校质量必须达到国家颁布的《图书质量管理规定》中规定的合格品标准。报刊及新媒体作品必须符合国家有关报刊编校质量及影视播出、放映技术指标的有关规定；作品有较强的社会影响力，具有一定的发行量和受众面；作品无知识产权纠纷，符合国家著作权法的相关规定。

奖项设置：将按作品类别分别设置一等奖、二等奖、三等奖及提名奖，并给予一定奖励。

## （五）山东省优秀科普作品奖

为调动社会力量参与科普工作的积极性，发现和培养科普创作人才，繁荣科普创作，促进科普精品不断涌现，山东省科普创作协会发出通知，决定开展优秀科普作品奖评奖工作。山东省科普创作协会优秀科普作品奖奖项分为科普图书和科普影视动漫两个类别，每两年评选一次，用于表彰山东省范围内优秀科普作品的作者和单位。评奖面向社会，包括完成和发表的科普图书或科普影视动画作品。

## （六）河北省优秀科普作品奖

推荐要求：一是作品应具备普及科学技术知识、倡导科学方法、传播科学思想、弘扬科学精神的内涵；二是作品应具有较强的科学性、知识性、艺术性、通俗性、趣味性；三是作品应内容丰富、形式活泼、图文并茂，公众喜闻乐见；四是作品应具有原创性；五是丛书应为全部出版完成的作品，不接受丛书中的单册或部分作品；六是文字应为简体中文；七是报送作品均视为获得制作单位或个人的同意，允许科技厅对作品有无偿用于公益宣传的权利；八是因作品侵权导致的一切后果，由作者和选送单位承担法律责任。

评选办法：省科技厅将组织专家组进行评审，优选 10~15 部河北省优秀科普图书，颁发奖证，以资鼓励。同时择优推荐 5 部参加全国优秀科普作品评选。

（七）浙江省优秀科普作品奖

浙江省科普作家协会优秀科普作品奖创办于 2008 年，当时共评出优秀图书 16 种，优秀科普文章 15 篇。为了更好地贯彻习总书记关于"科技创新、科学普及是实现创新发展的两翼，要把科学普及放在与科技创新同等重要的位置"的指示精神，浙江省科普作家协会对优秀科普作品评选进行了改革，从第三届浙江省科普作家协会优秀科普作品奖评选开始，操作流程和规则与中国科普作家协会接轨，评选范围从面向协会内部成员扩展到浙江省正式出版的科普作品和浙江作者在省外正式出版的科普作品，每届评奖时间规定每两年一届评选，使评奖活动基本做到规范化经常化，真正把评奖活动办成引领指导促进我省科普创作的重要抓手。

要求参评作品主题思想和内容健康向上，具有较高的思想性、科学性和可读性，能激励人们爱科学、学科学、用科学。在普及科技知识，宣传科技成果，促进现代化建设和改善人民生活方面取得显著成果。受众面广，有较好的社会效益和经济效益。符合著作权法的要求，没有发生著作权纠纷。质量必须达到国家所规定的合格标准。

浙江省科普作家协会面向各专业委员会、出版单位、广大会员、社会团体及个人征集符合评选要求的参评科普作品。专业委员会会员的作品由各专业委员会进行初评，不在专业委员会的会员作品由秘书处组织初评；出版单位及社会团体推荐的作品由传媒专业委员会组织初评。在初评基础上，省科普作协成立评审委员会进行终评，评出各奖项的获奖作品并公示。最终结果由常务理事会审议公布。

本次评奖设特别优秀奖、金奖和银奖三个奖项。

（八）湖北省优秀科普作品奖

推荐方式：各市、州、直管市、神农架林区科技局，省直各部门及各有关单位，可推荐优秀科普图书作品3~5部。

评选办法：省科技厅将聘请有关专家成立评议专家组，对推荐的科普作品进行评议，确定一批省级优秀科普作品，经公示无异议后，向社会推介。同时，推选3~5部优秀作品参加全国优秀科普作品评选活动。

（九）广东省优秀科普作品奖

广州市科技和信息化局关于推荐广州地区优秀科普作品的通知，鼓励广大科技工作者和科普工作者积极投身科普创作，繁荣广州市科普创作和科学文化事业，广州市科技和信息化局、广州市科技进步基金会拟联合组织开展"广州地区优秀科普作品推介活动"，具体组织工作由广东省科普作家协会承办。

推荐要求：科普图书（含基础科学类、少儿类、科学文化类、实用技术推广类、科学生活类、科学文艺类科普作品）；科普影视广播作品（科普科教影视、广播类节目，包括科普纪录片、科普教育片、科幻片、科普广播专题节目）；科普动漫、科普美术作品（科普动漫片、科普插图、画册等）；科普文章。

推荐方式：广州市各区（县级市）科技和信息化部门以及中央、广东省驻穗有关单位、省科普作家协会均可作为推荐单位。

评选办法：由主办单位聘请各学科高级职称专家及资深科普作家等组成评选委员会，对推荐的科普作品进行评议，形成优秀科普作品建议名单（分特等奖和一等奖、二等奖、三等奖），经公示无异议后，确定作为广州地区优秀科普作品，由广东省科普作家协会列为第十届广东省优秀科普作品奖入选作品，并择优推荐参加全国优秀科普作品评选，同时向社会推介。

（十）湖南省优秀科普作品奖

为普及科学知识、弘扬科学精神，激励广大科技工作者和社会各界参与科普创作与出版的积极性，提高科普创作水平，湖南省将继续开展湖南省优秀科普作品评选活动。

申报要求：参赛作品包括科普图书和科普微视频作品。以往被评为全省优秀科普作品的，不得再参加评选。

评选办法：由湖南省科技活动周组委会办公室组织专家评审，经公示无异议后，确定为第八届湖南省优秀科普作品，由省科技厅联合省委宣传部、省科协行文表彰。特别优秀的将选送参加全国优秀科普作品评选。

### （十一）陕西省优秀科普作品奖

陕西省科学技术厅为深入实施创新驱动发展战略，在全社会弘扬科学精神、普及科学知识，提高全社会科学文化素养，将开展全省优秀科普作品推荐和评选工作。

作品要求：推荐作品应当是正式出版发行的科普图书（含译注和再版图书，且未被确定为陕西省优秀科普作品、未被科技部确定为全国优秀科普作品）。

推荐要求及评选办法：各市科技局和各有关单位推荐优秀科普图书作品1~2部；省科技厅将组织专家组进行评审，评选陕西省优秀科普作品，颁发证书，同时择优推荐5部参加全国优秀科普作品评选与推介。

### （十二）西藏自治区优秀科普作品奖

推荐方式：各学会、协会推荐优秀科普图书作品1部。同时提交《优秀科普作品推荐表》和作品6份（套），按推荐优秀科普作品网络展示要求提供相关信息的电子版。推荐作品恕不退还。推荐材料报送西藏科协科普部。

### （十三）新疆自治区优秀科普作品奖

为进一步繁荣新疆科普创作事业，提高各族人民群众的科学文化素质，自治区党委宣传部、新闻出版广电局、科协决定联合开展自治区优秀科普作品评选工作。

评选范围：科普图书（原创作品、编选作品、翻译作品，美术画册和摄影图册也可参加评选。套书、丛书须全部完成出版，套书须整套参评，丛书可以整套，也可选择其中单种参评）；科普影视剧本（反映科技人物、科学知识、科技事件等主要内容的微电影、动漫原创影视剧本）。

评选条件：具有较高的思想性、科学性、艺术性和可读性，主题思想和内容健康向上，能启迪智慧，激励人们爱科学、学科学、用科学；能够在普及科技知识、宣传科技成果、培育科技人才、促进现代化建设和改善人民生活方面起到积极作用；作品受众面广，有较好的社会效益和经济效益；作品无知识产权纠纷，符合著作权法有关规定；科普作品作者为新疆本地人。

奖项设置：评选设"科普图书奖"和"科普影视剧本奖"两个类别。每个类别设优秀奖和提名奖两个奖级。评选出的优秀奖作品，将推荐参加全国优秀科普作品奖评选。

（十四）四川省优秀科普作品奖

四川省优秀科普作品奖设立于1982年，是四川省科普创作领域的最高奖项，先后已成功举办四届。评奖活动激发了广大科普工作者的创作热情，发现了一批优秀创作人才，推介了一批优秀科普作品，引导了科普出版方向。为四川省科普创作领域出人才，出成果发挥了积极的作用。

评选范围：科普图书类，科普短篇类，科普影视动画类。

作品评审：四川省科普作家协会评奖工作委员会负责组织专家组对参评作品按作品类别和学科领域进行分类初评；通过初评入选的科普作品，交由评委会全体成员进行二审，并以无记名投票方式确定获奖建议名单。经公示后，报评审工作领导小组审定。

奖励与颁奖：评奖奖项包括特别奖、优秀奖和提名奖。评选产生的特别奖和优秀奖作品将直接推荐给四川省科技进步奖的评审办公室；向获奖图书的作者颁发证书，奖金。向获奖图书的责任编辑颁发证书；向获奖图书的出版单位颁发证书；向获奖影视动画作品的出品单位颁发证书；举行颁奖仪式，与媒体合作；通过举行颁奖仪式，将获奖作品、编辑、出版单位向社会广为宣传。

（十五）宁夏自治区科普作品创作与传播大赛

宁夏科普作品创作与传播大赛在2017年首届举办。为进一步提升公民科学文化素质，激发公众热爱科学、传播科学的热情，通过艺术表现形式，展现科学之美、科技之美，让科普更生动、让艺术更贴近生活，积极营造浓厚的科普文化氛围，为建设好经济繁荣、民族团结、环境优美、人民富裕的美丽新宁夏做出更大的贡献。宁夏回族自治区科学技术协会、宁夏回族自治区文学艺术界联合会将共同举办"宁夏科普作品创作与传播大赛"。

主办单位为宁夏回族自治区科学技术协会和宁夏回族自治区文学艺术界联合会。承办单位为宁夏科协信息中心、宁夏美术家协会、宁夏摄影家协会。

奖项设置：①绘画类：一等奖：2名，奖金各5 000元；二等奖：5名，奖金各3 000元；三等奖：10名，奖金各2 000元；优秀奖：20名，奖金各800元。②摄影类：一等奖：2名，奖金各4 000元；二等奖：5名，奖金各2 000元；三等奖：10名，奖金各800元；优秀奖：30名，奖金各300元。③动画类：一等奖：2名，奖金各1万元；二等奖：8名，奖金各5 000元；三等奖：15名，奖金各3 000元；优秀奖：30名，奖金各800元。所有获奖作品均颁发证书，作品由大赛组委会收藏。

## （十六）河南省优秀科普作品奖

为在全社会大力普及科学知识、弘扬科学精神，提高全民科学素养，河南省组织开展河南省优秀科普作品评选活动。

评选程序及要求：各省辖市科技局、省直管县（市）科技局和各有关单位经过初选向省科技厅推荐优秀科普图书作品，其中省辖市科技局可推荐 2 部、省直管县（市）科技局和各有关单位可推荐 1 部。由省科技厅组织科普专家对推荐图书进行评审，确定获奖作品。

奖项设置及奖励方式：获奖作品设一等奖、二等奖、三等奖各若干名；在全省范围内通报评选结果，进行书面表彰，颁发获奖证书。

## （十七）贵州省科普作品创作大赛

为深入实施创新驱动发展战略，宣传创新驱动经济社会发展、创新创业成果服务改善民生，推进大众创业、万众创新，大力"普及科学知识、弘扬科学精神，提高全民科学素养"，加快推进科技与文化、科研与科普的结合，满足广大群众学习，运用科技文化知识的需要，推动科技文化产业快速发展，经省科技厅、省委宣传部、省教育厅、省科协和当代贵州期刊传媒集团共同商议，举办"贵州省科普作品创作大赛"。

主办单位为省委宣传部、省科技厅、省教育厅、省科协、当代贵州期刊传媒集团。承办单位为大众科学杂志社。为组织好本届大赛，由主办单位共同成立大赛组委会。组委会办公室设在省科技厅创新处。大赛组委会下设专家评审组，专家评审组由省内外具有科普创作经验的专家组成。

参赛作品类别：①科普文学作品：包括科普作品和科幻作品；

②科普影视作品：包括科普影片、科普动漫、科幻影片、科教片、教学片以及科普微视频等。科普微视频：要求画面稳定、清晰、层次分明、声音与画面同步，影片需有片头、片尾和故事情节。科普动漫包括二维动画、三维动画、影视动画等。③科研成果科普化作品：以科研成果为题材，将科研成果科普化、通俗化、应用化的作品。

奖项设置及颁奖：以上三大类作品，分设一等奖、二等奖、三等奖和优秀奖。对积极组织大赛作品的单位设优秀组织奖。向获奖者颁发奖品和证书。

参赛作品应用：主办单位和承办单位对参赛获奖作品有使用权，获奖作品将在《大众科学》月刊、大众科学网、贵州科学技术普及网和当代先锋网刊发。

（十八）甘肃省优秀科普作品奖

甘肃省优秀科普作品评选及科普微视频推荐工作的通知：作品包括科普作品和科普微视频。

科普作品：参选科普作品是正式出版发行的图书（含译著和再版图书，且未被科技部确定为全国优秀科普作品、未被省科技厅确定为全省优秀科普作品）。

科普微视频：参选作品应该是已播出过的原创微视频作品。时长为2~5分钟。

（十九）广西自治区优秀科普作品奖

为鼓励科普作品的创新创作，推动我区科普创作的发展，自治区科普工作联席会议办公室在全国科技活动周广西活动期间，组织开展了广西优秀科普作品（图书）的评选表彰活动。活动共评选出

13 部优秀作品并给予表彰奖励，其中一等奖 2 部，二等奖 5 部，三等奖 6 部。

（二十）天津市优秀科普作品奖

为大力普及科学知识，倡导科学方法，传播科学思想，弘扬科学精神，提高全民科学素质，市科委组织举办天津市优秀科普图书征集和推介活动。活动主办单位为天津市科学技术委员会。

图书征集范围包括航空航天、健康生活、低碳环保、生态文明、智能制造、大数据等热点和前沿领域，重点支持原创性和体现天津特色的科普图书的创作开发。

推荐方式分为出版社推荐和个人申报两种方式。出版社推荐：在天津市内注册、具有独立法人资格的出版社申报。个人申报：须为天津市内注册、具有独立法人资格的各类机构正式职工，且需具有中级及以上职称。

图书评选方法为聘请有关专家成立评选专家组，对征集的科普作品进行评选。奖项设置一等奖 2 名，二等奖 3 名，三等奖 5 名。并同时授予天津市优秀科普图书称号。

图书推介：科普图书进校园，在天津市部分中小学开展图书展示、赠书等活动；科普图书结对帮扶，开展优秀图书帮扶结对、展示、赠书等活动；参加全国评选，推荐部分图书参加全国优秀科普作品评选。

（二十一）重庆市优秀科普作品奖

评选办法：市科技局聘请有关专家对各单位推荐的科普作品进行评选，形成全市优秀科普作品建议名单，经公示无异议后，确定为全市优秀科普作品。同时，遴选部分优秀科普作品向科技部推荐，参加全国优秀科普作品评选活动。

## （二十二）山西省优秀科普作品奖

山西省科协与山西省科普作家协会联合下发通知，举办优秀科普作品评奖活动。主办方介绍此次优秀科普作品评奖活动是为了加强科普队伍建设、发现优秀科普创作人才，繁荣科普文化事业，更好地为全省转型发展、跨越发展服务。

评选要求：科普图书，发表的科普文章、科普摄影作品，播出的科普广播节目、科普电视节目和科普动漫作品，公开出版发布的科普挂图，公演的科普短剧等。

山西省科协和山西省科普作家协会组织有关专家，坚持公平、公正、公开的原则进行评选，力求评出方向，评出水平，评出人才，更好地激励广大科教文工作者和宣传出版机构积极参与科普创作。

## （二十三）辽宁省优秀科普作品奖

评选类别：科普图书、短篇科普作品。

辽宁省科普作家协会第二次代表大会表彰了19名优秀科普作家和246项优秀科普作品。省政府、省人大、省政协领导同志和中国科普作家协会同志向优秀科普作家及优秀科普作品的作者颁发了奖品和证书。

## （二十四）吉林省科普奖及科普作品奖

按照省社科联工作部署和安排开展2018年度吉林省优秀科普专家、优秀科普工作者、优秀科普作品、优秀科普基地评选活动。并在此基础上参加 2018 年全国社科联系统优秀科普评选活动。

包括优秀科普专家、优秀科普工作者、优秀科普作品、优秀科普基地。

评选办法：省社科联优秀科普评审委员会，由省社科联领导及有关专家组成。各单位根据申报条件，按照自愿的原则，自行组织上述评选活动。推荐出优秀科普专家、优秀科普工作者各 1 名，由评委会审定通过。优秀科普作品、优秀科普基地根据申报的数量按比例进行评选。评委会办公室设在省社科联科普宣传处，具体负责优秀科普项目的评选工作。

奖励办法：凡被评为优秀科普专家、优秀科普工作者、优秀科普作品、优秀科普基地的单位和个人予以表彰并颁发证书。

（二十五）黑龙江省优秀科普作品奖

为进一步丰富 2018 年科技活动周活动内容，调动和激发社会各界进行科普创作的活力，在全社会大力普及科学知识，提升公众科学文化素养，科技活动周组委会将组织开展 2018 年黑龙江省优秀科普作品推介活动。

推荐方式：各地市、各部门推荐优秀科普图书不超过 8 部；各地各部门推荐作品以正式函件形式报送省科技厅政策法规处。推荐作品恕不退还，自留备份。

评议办法：由科技活动周组委会办公室聘请有关专家成立评议小组，对推荐科普作品进行评议，拟确定优秀科普作品，经公示无异议后向社会推介（部分获奖作品将推荐参加全国优秀科普作品评选活动）。

## （二十六）江西省优秀科普作品奖

根据中国科普作家协会和江西省科协普及工作部、江西省科普作家协会的相关要求，有 1 种科普作品（图书、影视动画）和 1 篇青年短篇科普作品的推荐名额。

推荐名额：各单位会员均可推荐 1 种科普作品（图书、影视动画）和 1 篇青年短篇科普作品；个人会员可推荐 1 种科普作品（图书、影视动画）或 1 篇青年短篇科普作品。

推荐要求：各单位会员要根据《通知》精神，严格按照评选范围条件做好推荐工作。个人会员可推荐本人编、著、译的科普作品，也可以推荐他人编、著、译的科普作品。

## （二十七）内蒙古自治区优秀科普作品奖

2017 年全国优秀科普作品的通知：推荐要求参选科普作品应是 2015 年 1 月 1 日以后正式出版发行的图书（含译著和再版图书，且未被科技部确定为全国优秀科普作品）。

推荐方式为自治区科普工作联席会议成员单位、各盟市科技局和有关单位推荐作品不超过 2 部，并将推荐作品排序，以正式函件形式报送科技厅政策法规与监督处，同时提交《2017 年全国优秀科普作品推荐表》和作品 6 份（套），按 2017 年推荐优秀科普作品网络展示要求提供相关信息的电子版。推荐作品不退还，请自留备份。

评选办法：自治区科技厅将组织专家统一审核评审后将优秀作品推荐科技部并向社会推介。

表 3-4　各省份优秀科普作品奖设立情况

| 省市 | 评选作品类别 | 评审组织 | 奖励办法 |
|---|---|---|---|
| 北京 | 科普图书，报刊科普作品，广播电视科普节目及音像制品、电子出版物、网络游戏作品，科技新闻 | 北京市委宣传部、市科协、市新闻出版局、市科委、市广播电影电视局 | 获奖作品的作者、责任编辑，可获得获奖证书及奖金 |
| 上海 | 科普图书 | 上海市科协 | 无奖金 |
| 天津 | 科普图书 | 天津市科学技术委员会 | 设一等奖、二等奖、三等奖 |
| 重庆 | 科普图书 | 市科技局 | — |
| 河北 | 科普图书 | 省科技厅 | 颁发奖证 |
| 山西 | 科普图书、科普摄影作品 | 省科协和省科普作协 | — |
| 辽宁 | 科普图书、短篇科普作品 | 省科普作协 | 奖品和证书 |
| 吉林 | 科普图书 | 省社会科学界联合会优秀科普评审委员会 | 颁发证书 |
| 黑龙江 | 科普图书 | 科技活动周组委会 | — |
| 江苏 | 科普图书、科普报刊、新媒体科普作品 | 省科协、省文明办、省新闻出版广电局、省科技厅等 | 按作品类别分别设置一等奖、二等奖、三等奖及提名奖，并给予一定奖励 |
| 浙江 | 中文科普图书、影视作品 | 省科普作协 | 特别优秀奖、金奖和银奖三个奖项 |
| 安徽 | 科普图书、科普影视动画、科普短篇作品、科普活动案例 | 省科普作协 | 各奖项设一等奖、二等奖、三等奖，颁发奖励证书 |
| 福建 | 科普图书 | 省科普作协 | 设荣誉奖（最高奖项）、一等奖、二等奖、三等奖 |

续表

| 省市 | 评选作品类别 | 评审组织 | 奖励办法 |
|---|---|---|---|
| 江西 | 科普图书、科普影视动漫、短篇科普作品 | 省科普作协 | — |
| 山东 | 科普图书、科普影视动漫 | 省科普作协 | 无奖金 |
| 河南 | 科普图书 | 省科技厅 | 设一等奖、二等奖、三等奖，颁发获奖证书 |
| 湖北 | 科普图书 | 省科技厅 | |
| 湖南 | 科普图书、科普微视频作品 | 湖南省科技活动周组委会 | 由省科技厅联合省委宣传部、省科协行文表彰 |
| 广东 | 科普图书，科普影视广播作品，科普动漫、科普美术作品，科普文章 | 省科普作协 | 特等奖和一等奖、二等奖、三等奖 |
| 海南 | — | — | — |
| 四川 | 科普图书、科普短篇、科普影视动画 | 省科普作协 | 评奖奖项包括特别奖、优秀奖和提名奖，颁发证书和奖金 |
| 贵州 | 科普文学作品、科普影视作品、科研成果科普化作品 | 科普作品创作大赛组委会 | 设一等奖、二等奖、三等奖和优秀奖，对积极组织大赛作品的单位设优秀组织奖，颁发奖品和证书 |
| 云南 | — | — | — |
| 陕西 | 科普图书 | 省科技厅 | 颁发证书 |
| 甘肃 | 科普图书、科普微视频 | 省科技厅 | — |
| 青海 | | | |
| 内蒙古 | 科普图书 | 自治区科技厅 | — |
| 广西 | 科普图书 | 自治区科普工作联席会议 | 设一等奖、二等奖、三等奖 |

续表

| 省市 | 评选作品类别 | 评审组织 | 奖励办法 |
|---|---|---|---|
| 宁夏 | 绘画类、摄影类、动画类 | 自治区科学技术协会、文学艺术界联合会 | 颁发证书和奖金 |
| 新疆 | 科普图书、科普影视剧本 | 自治区科普作协 | 设"科普图书奖"和"科普影视剧本奖"两个类别,每个类别设优秀奖和提名奖两个奖级 |
| 西藏 | 科普图书 | 自治区科学技术协会 | — |

注:海南、云南、青海未找到省优秀科普作品评选通知。"—"表示未公布具体奖励办法。

通过对比发现,我国各省份基本都设有优秀科普作品奖,但其参评作品类别有较大差别,如北京、安徽、广东等有四个参评类别,而上海、天津、重庆、黑龙江、福建、湖北、陕西、西藏等只有一个参评类别,为科普图书。科普图书是参评类别中最广泛、最基本的一类,大部分省份都包含此类别。

在评选形式方面不同省市有一定差别,但主要是由省份科普作家协会及科技厅组织专家评审会进行评选,个别省份是通过举办科普作品大赛的形式评选优秀科普作品,如宁夏、贵州举办的科普作品创作大赛。

在奖励办法方面不同省份也有较大差别。大多数省份只颁发奖状,没有奖金。有些设一等奖、二等奖、三等奖,颁发获奖证书;有些包括特别奖、优秀奖和提名奖,颁发证书和奖金。部分省份在评选通知中未说明具体奖励办法。

总体来看,各省份基本都是对推荐的科普作品进行评议。首先确定一批省级优秀科普作品,经公示无异议后,向社会推介。从省优秀科普作品中推选出部分优秀科普作品参加全国优秀科普作品评选活动。对2011~2018年全国获奖优秀科普作品的推荐单位进行整理统计，得到各省份全国优秀科普作品获奖数量（图3-4），获得全国优秀科普作品数目最多的省份为北京市，累计获得26个，其次为上海市获得15个。

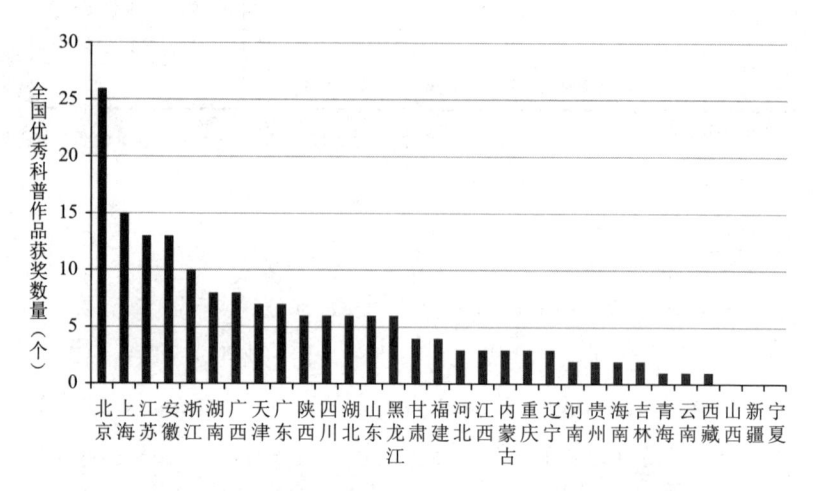

图3-4　2011~2018年各省份全国优秀科普作品累计获奖数量

资料来源：中华人民共和国科学技术部官网。

## 三、社会力量科普奖励

（一）中国科普作家协会

始于2008年，其前身是"全国优秀科普作品奖"。该奖项采用推荐评审制，每两年评选一次，于评奖第二年度的"全国科普日"或"中国科协会员日"期间举行颁奖活动，颁发证书和奖杯。"中国科普作家协会优秀科普作品奖"是我国科普创作领域的最高荣誉奖，其评选产生的特别奖和优秀奖作品可直接向国家科技进步奖推荐。

（二）中国环境科学学会

为了加强向社会公众普及最新环保科学理念、科学知识和科技成果的工作，提高全民环保意识，大力倡导环境保护科学技术普及创新，表彰在环保科普作品创作和组织环保科普活动中做出突出成绩的集体和个人，推动环保科普作品不断推陈出新，鼓励社会更多的人才投入到环保科普活动的组织，管理中来，促进我国环保科普事业的繁荣与发展，中国环境科学学会特设立"环保科普创新奖"。根据实际情况，每一年或两年评选一次。

评奖范围为环保科普作品、环保科普先进集体和先进个人。奖项设置：①环保科普作品奖，设一等奖 1~3 名，二等奖 3~6 名，三等奖 6~12 名，优秀奖若干名。获得一等奖的作品授予奖牌、证书和奖金 5 000 元；获得二等奖的作品授予奖牌、证书和奖金 3 000 元；三等奖的作品授予奖牌、证书和奖金 1 000 元；获得优秀奖的作品授予证书。对获奖作品同时授予主要创作人员获奖证书，原则上获一等奖、二等奖的每个作品授予获奖证书者不超过 3 人，获三等奖、优秀奖的每个作品授予获奖证书者不超过 2 人。②环保科普先进集体奖和先进个人奖各 30 名左右，分别授予奖牌和证书。

（三）中国气象学会

奖项分为综合类、校园类、全国优秀气象科普自媒体、作品类（全国优秀气象科普作品）等四大类。其中，综合类包括全国气象科普工作先进集体和全国气象科普工作先进工作者评选；校园类包括校园气象科普优秀校长和校园气象科普优秀资源包评选；全国优秀气象科普自媒体包括微博和微信两类评选；作品类（全国优秀气象科普作品）包括图书类、图文类、音视频类、课件类、科普宣传品类评选。

根据评选要求，各省（自治区、直辖市）气象学会、计划单列市气象学会和中国气象学会科普工作委员会委员负责组织择优推荐相应奖项，做好初评工作。推荐工作完成后，中国气象学会秘书处将组织气象科学普及工作委员会委员及相关科普专家进行评审，获奖名单经中国气象学会常务理事会批准后公示，予以表彰。

该活动每四年举办一次，旨在奖励和表彰在气象科普工作中做出优异成绩的单位和个人，推动与繁荣气象科普创作，将更多更好的气象科普精品奉献给社会。

（四）吴大猷科学普及著作奖

设立于2002年，由吴大猷学术基金会主办，中国科学报社和台湾中国时报开卷周报合办。该奖采用申报评审制，分创作及译作两类，奖项分金奖、银奖和佳作奖。获奖者可获得一定数量的奖金。"吴大猷科普著作奖"成立至今已成功举办了九届，逐渐成为海峡两岸重要的科学普及奖项。

（五）中国科普研究所高士其基金

高士其科普奖于1998年正式设立，每年评奖一次，并在全国青少年科技创新大赛上予以颁发，是中国科普界的最高荣誉奖之一，其中包括表彰和奖励青少年的一系列科学奖项。"高士其科普奖—全国青少年科技创新奖"主要是表彰和奖励在科普活动、科普创作和科技创新中取得突出成绩和做出杰出贡献的青少年。以传播、弘扬科学思想、科学方法、科学精神为宗旨,激励与鼓舞广大青少年努力学习科学文化知识,实事求是,勇于创新,从而进一步提高我国公众的科学文化素质。并配合我国的素质教育,检验青少年的科学创新成果

（六）中国林学会

"梁希科学技术奖"是经科技部批准,由中国林学会申请设立的面向全国、代表我国林业行业最高科技水平的奖项。梁希科学技术奖包括梁希林业科学技术奖、梁希青年论文奖、梁希优秀学子奖、梁希科普奖四个奖项。主要奖励优秀的林业科技成果、优秀的学术论文和科普作品,表彰在林业科研教学中做出突出贡献的科技工作者、表现突出的林业院校在校优秀学生和先进的林业科普工作者和集体,进一步调动广大林业科技工作者的积极性和创造性,促进林业科技后备人才的成长,推进林业科教事业的发展。

梁希先生是我国杰出的爱国主义者,著名的林学家、林业教育家和社会活动家,在我国科技界和林业界享有崇高的威望。早在1985年由梁希先生的学生泰籍华人周光荣先生捐献10万元,设立了中国林学会梁希奖。此前,中国林学会梁希奖已评选过四次,在林业科技界产生了良好的影响。在国家取消政府部门科技进步奖的评选之后,民间科技奖励的地位和作用更加突出。为了扩大梁希奖的范围和规模,中国林学会在原中国林学会梁希奖的基础上扩大规模设立梁希科学技术奖（以下简称梁希奖）。

梁希林业科学技术奖每年评选一次,分设一等奖、二等奖、三等奖,对获奖成果的主要完成人颁发奖励证书和奖金。

梁希青年论文奖每两年评选一次,分设一等奖、二等奖、三等

奖，只奖励论文第一作者，二等奖以上论文获得者将颁发奖励证书和奖金，三等奖获得者只发证书不发奖金。

梁希优秀学子奖每年评选一次，不分等级，获奖者将获得奖励证书和奖金。

梁希科普奖每两年评选一次，不分等级，获奖个人将颁发奖金和证书，获奖集体只颁发证书不发奖金。

表 3-5　部分行业协会/学会科普作品设奖

| 奖项名称 | 设奖协会/学会 | 设奖时间 | 评选周期 | 奖励办法 |
| --- | --- | --- | --- | --- |
| 中国科普作家协会优秀科普作品奖 | 中国科普作家协会 | 2008 年 | 两年一次 | 颁发证书和奖杯 |
| 环保科普创新奖 | 中国环境科学学会 | 2007 年 | 每一年或两年评选一次 | 对环保科普作品奖授予奖牌、证书和奖金 |
| 梁希科普奖 | 中国林学会 | 2004 年 | 两年一次 | 获奖个人将颁发奖金和证书，获奖集体只颁发证书不发奖金 |
| 吴大猷科学普及著作奖 | 吴大猷学术基金会 | 2002 年 | 两年一次 | 奖项分金奖、银奖和佳作奖，奖励一定数量奖金 |
| 气象科普奖 | 中国气象学会 | 1982 年 | 四年一次 | 设一等奖、二等奖、三等奖 |
| 高士其科普奖 | 中国科学技术发展基金会高士其基金管理委员会 | 1999 年 | 一年一次 | 颁发获奖证书及奖金 |

梁希奖由各省、自治区、直辖市林学会，中国林学会各分会、专业委员会以及其他具有推荐资格的单位择优进行推荐。奖励工作

办公室在全国各单位推荐的基础上，经过形式审查、专家初审、召开小组评审会和评审委员会会议评审、向社会公示等，最后报梁希科技教育基金管理委员会批准，确定最终获奖项目。

## 第三节 老科技工作者现状及科普贡献分析

### 一、老科技工作者基本情况

老科技工作者主要指具有中级以上（含中级）技术职称达到退（离）休或接近退休年龄的科技工作者，尤其是在科学研究、技术发明、文教卫生、规划管理等领域做出卓著贡献的专家、学者、领导干部和知名人士。根据退（离）休前或在职时从事岗位的特点，包括科研人员、教学人员、工程技术人员、卫生技术人员、农业技术人员、行政管理人员和从事其他科技工作的人员。以下主要对老科技工作者基本情况、老科协发展评价状况及老科技工作者科普贡献进行分析。

（一）老科技工作者生活及保障状况

**1. 老科技工作者反映社区养老服务基础较弱**

社区配套资源缺乏（41.1%）是老科技工作者生活中遇到的最大困难（图 3–5），其次是缺乏适合老年的生活产品（32.4%）、收入低（22.0%）、精神文化生活贫乏（20.6%）等。东部老科技工作者对社区配备资源缺乏问题的反映相对强烈（42.8%），比例高于中部（40.9%）和西部（38.3%），人民日益增长的美好生活需求和不平衡不充分的发展之间的矛盾凸显。

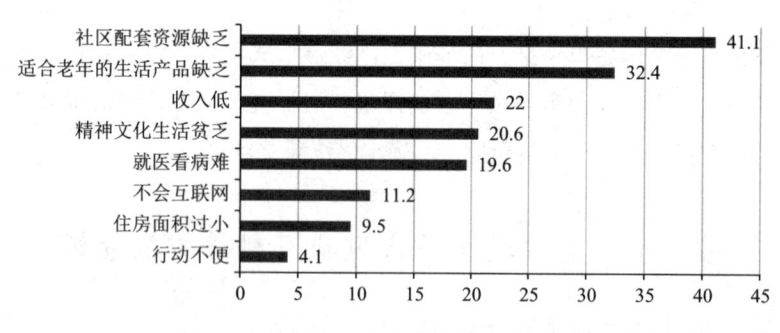

```
社区配套资源缺乏                              41.1
适合老年的生活产品缺乏                   32.4
         收入低                22
  精神文化生活贫乏              20.6
      就医看病难              19.6
       不会互联网        11.2
     住房面积过小      9.5
       行动不便    4.1
         0    5   10   15   20   25   30   35   40   45
```

图 3-5 老科技工作者反映的主要生活困难

**2. 住宅适老化程度较低增大了出行困难**

调查显示，居家养老是老科技工作者的最主要养老方式，92.3%的老科技工作者选择居家养老，社区养老和机构养老的分别占 2.1%和 1.1%。但住宅适老化程度仍较低，95.6%的老科技工作者居住在楼房，87.1%居住在二楼及以上楼层，62.3%的老科技工作者表示其居住的楼房内没有电梯，近三成老科技工作者明确表示不满意当前的居住条件，自评身体不太健康和非常不健康的老科技工作者分别有 40.1%和 40.0%明确表示不满意当前的居住条件。中国老科常务副会长齐让强调，"既有住宅加装电梯"工程是以实际行动更好地满足人民群众对美好生活的需求。继 2018 年 3 月 5 日，李克强总理在十三届全国人大一次会议上所做的政府工作报告中提出"鼓励有条件的加装电梯"后，在中国老科技工作者协会大力组织推动下，既有住宅加装电梯再次写入 2019 年政府工作报告。

（二）老科技工作者思想状况

**1. 对党和国家发展充满信心**

老科技工作者高度认同党的领导，关注国家出台的政策方针，对实现国家科技经济发展充满信心,爱国情怀深厚。如图 3–6 所示,92.7%的老科技工作者关注国家政策,其中 26.8%表示非常关注,65.9%表示比较关注。老科技工作者对我国实现"到 2020 年时使我国进入创新型国家行列,到 2030 年时使我国进入创新型国家前列,到新中国成立 100 年时使我国成为世界科技强国"的目标充满信心,其中 41.9%非常有信心,49.0%比较有信心。"十三五"规划明确出台渐进式延迟退休年龄政策,对此 60.2%的老科技工作者表示赞同,其中 12.2%表示非常赞同,48.0%表示比较赞同。

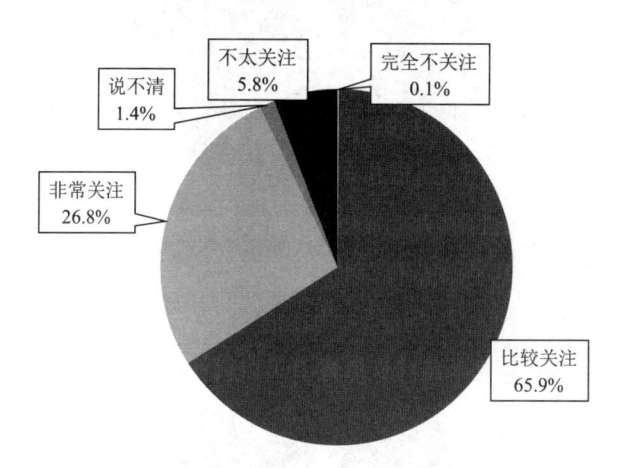

图 3–6 老科技工作者对国家出台的政策方针关注情况

**2. 坚持参加政治理论学习活动**

老科技工作者长期受党的教育,经历过各种考验和磨砺,政治立场坚定,对党和国家事业忠诚。老科技工作者参与政治理论学习、党建活动的意愿高涨,77.7%愿意参加政治理论学习(图 3–7),83%愿意参加党组织活动(图 3–8),其中在职未退休老科技工作者对参加党组织活动的热情（88.6%）高于返聘（83.0%）和退休（82.1%）老科技工作者。不少老科技工作者带病坚持参加党组织活动，近三成健康状态不佳的老科技工作者每年坚持参加五次以上。

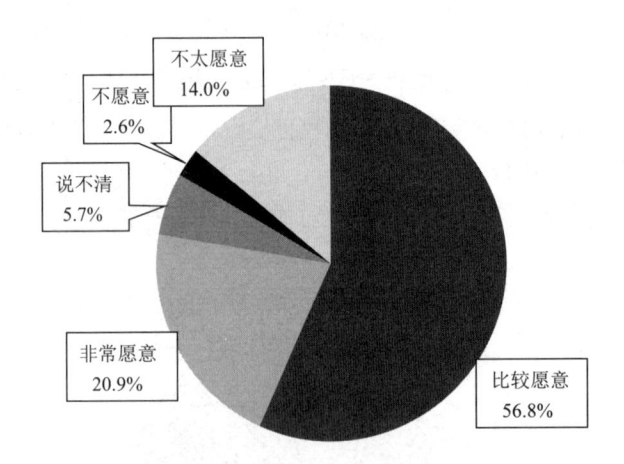

图 3–7　老科技工作者参加政治理论学习意愿

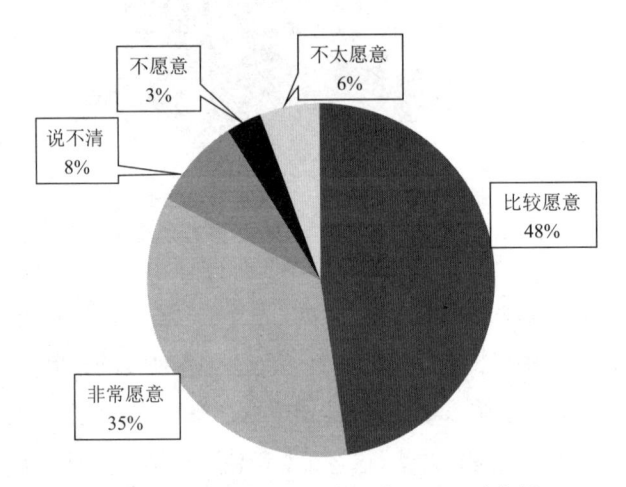

图 3–8　老科技工作者参加党组织活动意愿

## 二、老科协发展情况

30 年来,老科协始终坚持起好桥梁纽带作用,及时反映老科技工作者的诉求。中国老科协报送的"关于放宽退离休科技人员出国政策"的建议,促进了退离休科技人员出国参加科技交流活动问题的解决;提交的"关于解决退休老科技人员待遇过低问题的几点建议"促进了有关部门出台政策,较大幅度地增加了全国企业离退休科技人员的退休工资。中国老科协积极争取中国科协、科技部、人力资源和社会保障部的支持,三部委联合印发了《关于进一步加强和改进老科技工作者协会工作的意见》,使广大老科技工作者和老科协工作者的积极性得到进一步的发挥。

### (一)老科协认知度较高,凝聚力评价较高

根据 2017 年中国科协创新战略研究院调查统计中心对全国老科技工作者状况调查报告显示,71.9%的老科技工作者表示了解中国老科协,其中非常了解占 13.9%,比较了解占 58.0%。中国老科协认知度的地域差异不大,存在职业差异,中学教师老科技工作者中 66.4%了解中国老科协,该比例在大学教师中占 75.4%。65.4%的老科技工作者认为中国老科协在凝聚老科技工作者方面发挥了较好的作用,其中 11.5%认为非常有凝聚力,53.9%认为比较有凝聚力,凝聚力认可度的地域差异相对明显,西部老科技工作者中 67.7%认可老科协的凝聚力,东部为 63.8%。

### (二)"五老"工作必要性得到认可

中国老科协计划打造"五老"品牌(老科协智库、老科协日、

老科协奖、老科协学堂和老科协报告团），进一步帮助老科技工作者继续发挥余热，"五老"工作的必要性也得到了老科技工作者的认可。调查显示，92.5%的老科技工作者认为有必要打造老科协智库，89.6%的老科技工作者认为有必要设立老科协奖，89.1%的老科技工作者认为有必要开设老科协学堂，88.0%的老科技工作者认为有必要组织老科协报告团，83.8%的老科技工作者认为有必要设立老科协日。

（三）"五老"工作参与意愿较高

调查显示，68.5%的老科技工作者表示愿意参加老科协报告团，进企业、进农村、进社区、进学校传播技术、传播知识，其中25.9%表示非常愿意，42.6%表示比较愿意。退休前从事科教辅助的老科技工作者的参与热情最高（82.9%）。老科协学堂将定期举行报告会，邀请院士专家围绕前沿科学、科学健康、文化艺术、国防外交等方面作报告，86.1%的老科技工作者表示愿意参加老科协学堂活动，其中36.9%的老科技工作者表示非常愿意，49.2%的老科技工作者表示比较愿意，参与意愿的地域差异并不明显。

（四）老科技工作者希望老科协搭建更多交流平台

调查显示，老科技工作者最希望中国老科协能提供老科技人员交流的机会（49.9%），其他依次为提供信息技术服务（40.6%）、提供与社会各界交流的机会（31.6%）、提供政策咨询服务（25.6%）、保障老科技工作者权益（22.1%）、向政府反映老科技工作者的意见（21.9%）、提供进修学习服务（19.0%）、解决生活困难（11.0%）、提供返聘服务（10.6%）。

## 三、老科技工作者科普贡献分析

### (一) 我国科普现状分析

**1. 科普人员**

2018年东部、中部和西部地区的科普人员分别为80.12万人、44.06万人和54.31万人(图3-9)。与2017年的统计结果(76.65万人、46.02万人和56.78万人)相比,东部地区科普人员增加3.47万人,增长4.53%;中部地区科普人员减少了1.96万人,下降4.26%;西部地区科普人员减少2.47万人,下降4.35%。

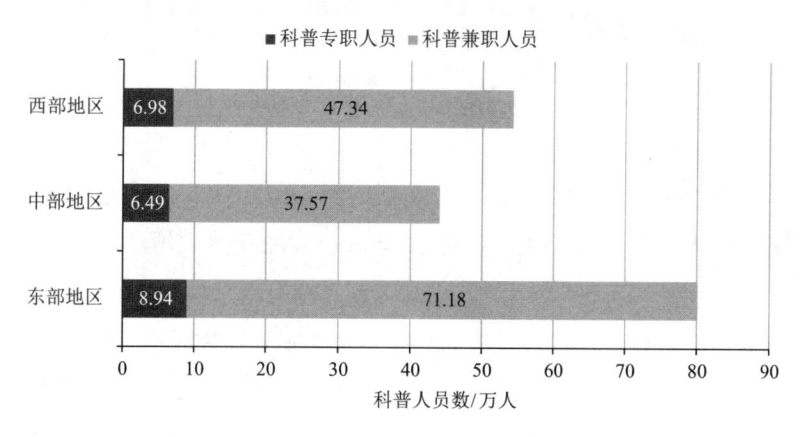

图3-9 2018年东部、中部、西部地区科普人员数

2018年全国各省份科普专职人员数进行分析可知,各省份平均科普专职人员数7 224人,比2017年的7 323人减少了99人。共有15个省份超过了全国平均水平,分别为河北、山东、河南、四川、云南、湖南、湖北、安徽、江苏、广东、上海、辽宁、北京、浙江

和陕西。河北有科普专职人员 1.60 万人，居全国之首，其后依次是山东 1.25 万人、河南 1.24 万人。人数最少的是西藏，仅有 0.045 万人。整体来讲还是东部地区科普专职人员偏多，西部地区偏少。

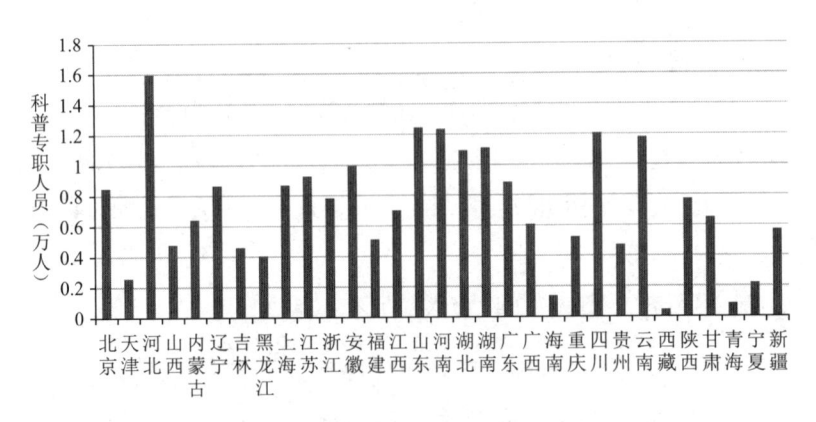

图 3-10　2018 年各省份科普专职人员数

对 2018 年全国各省科普兼职人员进行分析可知，各省份平均科普兼职人员数 5.04 万人，比 2017 年减少 0.02 万人，浙江、江苏、山东、四川、河北、河南、湖北、云南、湖南、广东、福建、陕西、安徽、广西和北京共 15 个省份的科普兼职人员数量高于全国平均水平。其中，浙江的科普兼职人员规模最大，达到了 14.23 万人；浙江、江苏、山东和四川的科普兼职人员数量均超过了 9 万人。

2018 年全国各省份平均投入科普人员 5.76 万人，比 2017 年减少 0.03 万人。科普人员规模超过全国平均水平的地区依次是浙江、江苏、山东、四川、河北、河南、云南、湖北、湖南、广东、福建、安徽、陕西、北京和广西（图 3-12）。这 15 个省份的科普人员总数占全国科普人员总数的 71.66%。科普人员数超过 10 万人的省有浙

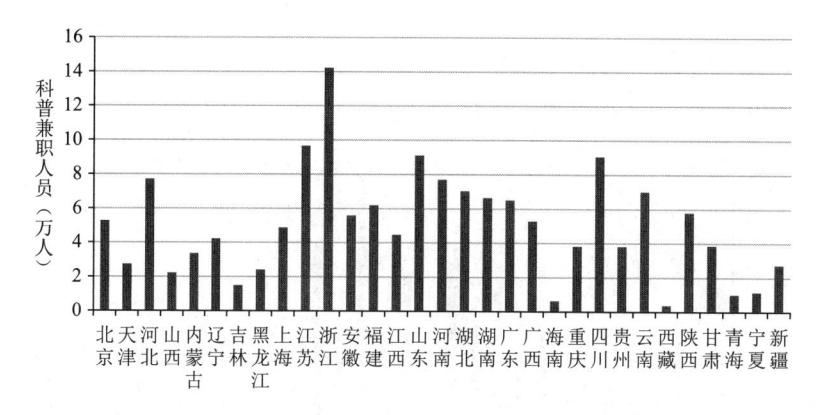

图 3-11　2018 年各省份科普兼职人员数

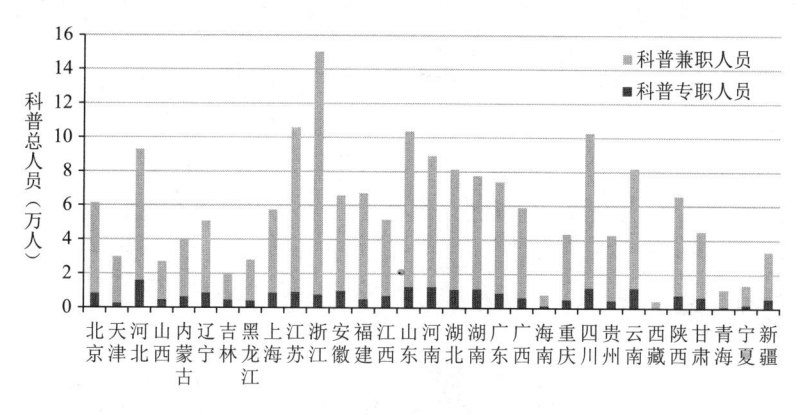

图 3-12　2018 年各省份科普人员总数

江、江苏、山东和四川。青海、海南和西藏的人口少，科普人员规模也小，西藏科普人员总数仅为 4 345 人，但与 2017 年的 1 909 人相比有明显增长。

**2. 科普场地**

全国各省份平均拥有 17 个科技馆，共有 12 个省的科技馆数量超过平均数。由图 3-13 可以看出，科技馆数量在 25 个及以上的有湖北（49个）、广东（37个）、上海（31个）、福建（29个）、山东（29个）、北京（28个）和浙江（26个）。

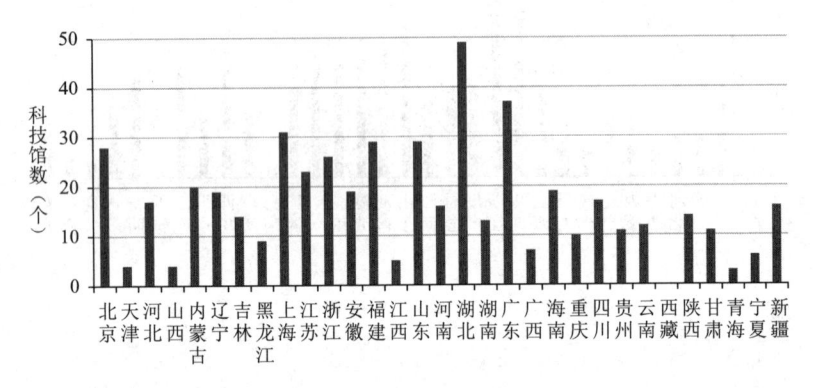

图3-13 2018年各省份科技馆分布情况

东部地区11个省份共有262个科技馆，占全国总数的50.58%，比2017年略有增加；中部和西部地区20个省合计有256个科技馆，分别占全国总数的24.90%和24.52%。中部和西部地区的科技馆数量分别增加16个和11个（图3-14）。

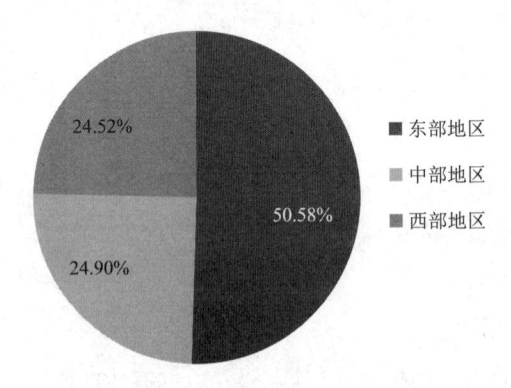

图3-14 2018年东部、中部和西部地区科技馆占比

全国各省份平均拥有 30 个科学技术类博物馆，达到和超过这一水平的共有 13 个省。由图 3-15 可以看出，科学技术类博物馆数在 45 个以上的有上海（138 个）、北京（81 个）、四川（51 个）、浙江（47 个）、广东（46 个）、辽宁（46 个），大多位于东部发达地区。

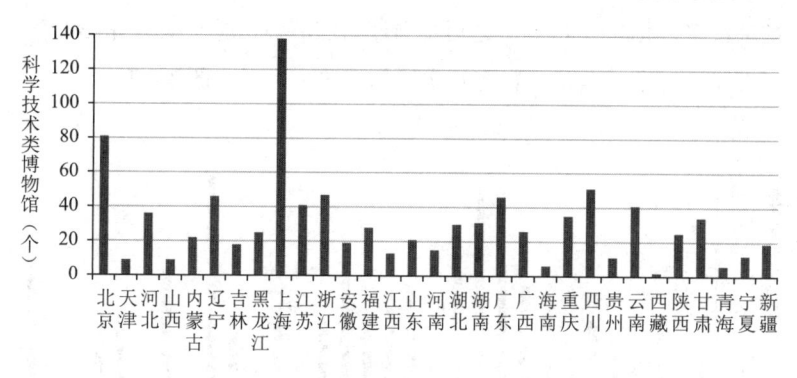

图 3-15　2018 年各省份科学技术类博物馆分布

东部地区共有科学技术类博物馆 499 个，占全国科学技术类博物馆总数的 52.92%；中部和西部地区分别有 160 个和 284 个，分别占全国总数的 16.97% 和 30.12%（图 3-16）。

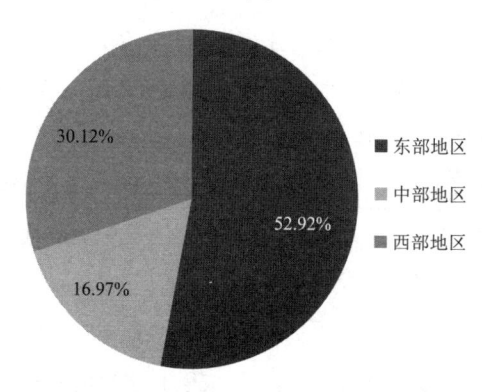

图 3-16　2018 年东部、中部和西部地区科学技术类博物馆占比

东部地区科学技术类博物馆的建筑面积和展厅面积分别为中部和西部地区总和的 1.27 倍和 1.29 倍。西部地区科学技术类博物馆的数量虽然有所下降,但建筑面积和展厅面积却均有一定程度增长。

全国各省份都建有青少年科技馆站。其中,四川的青少年科技馆站最多,数量为 43 个,之后是浙江与江苏,分别为 42 个和 38 个。而天津、海南、西藏、青海和宁夏均在 5 个以下(图 3–17)。

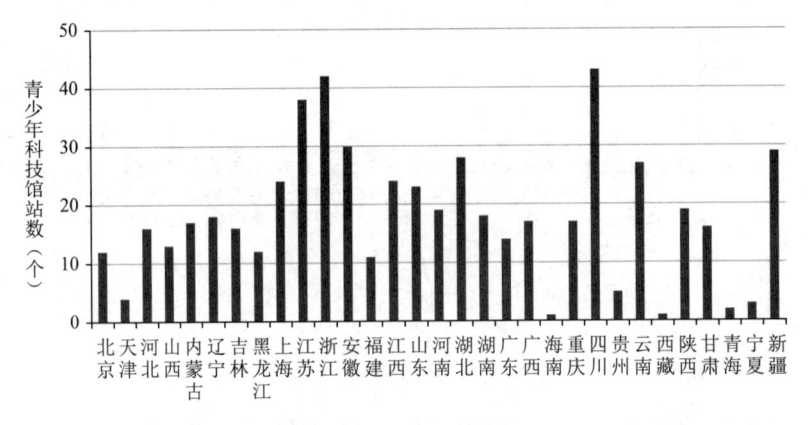

图 3–17  2018 年各省份青少年科技馆站分布情况

从青少年科技馆站的地区分布来看,东部地区共有 203 个,占总数的 36.31%;中部和西部地区分别有 160 个和 196 个,分别占全国总数的 28.62% 和 35.06%(图 3–18)。

从青少年科技馆站的级别分布来看,大部分青少年科技馆站都隶属于县级单位,共计 419 个,占全部的 74.96%;地市级青少年科技馆站有 119 个。

拥有农村科普(技)活动场地数量较多的省包括山东、浙江和四川等(图 3–19)。2018 年福建、安徽和宁夏的农村科普(技)活动场地增长较快。北京、上海等省可能由于城镇化较高,因此农村科普活动场地较少。

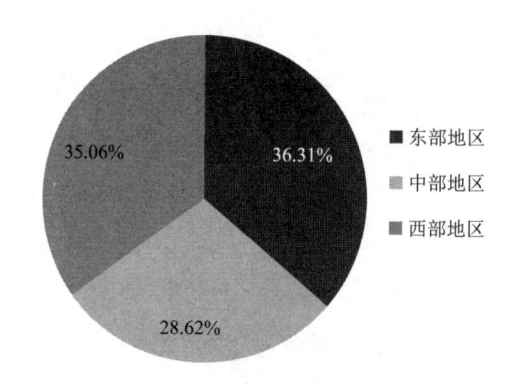

图 3–18　2018 年东部、中部和西部地区青少年科技馆站占比

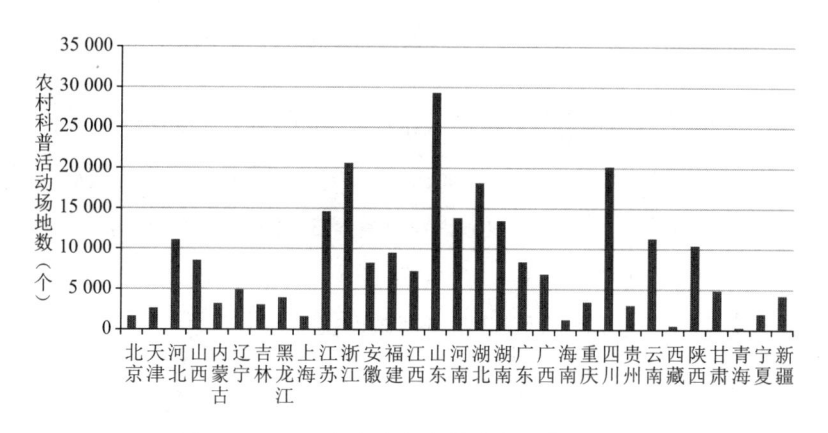

图 3–19　2018 年各省份农村科普活动场地分布

### 3. 科普经费

2018 年,我国科普经费筹集额有所增长,达到 161.14 亿元,其中,各级政府财政拨款 126.02 亿元,占总筹集额的 78.20%。这一比例与 2017 年相比略有增长,这表明我国科普经费投入构成中公共财

政依然是最主要来源渠道。在政府拨款中,科普专项经费62.09亿元。比2017年有所降低。全国人均科普专项经费4.45元,比2017年的4.51元减少0.06元,人均科普投入大致稳定。

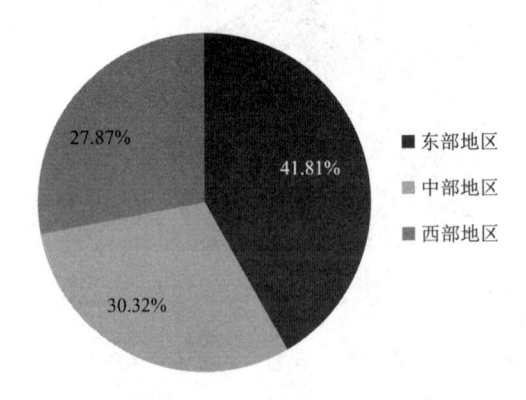

图 3–20  2018年东部、中部和西部地区农村科普活动场地占比

科普经费筹集额中,社会捐赠0.73亿元,比2017年减少60.93%,社会捐赠资金在经历两年较快增长后,2018年大幅减少。从占筹集总额比例来看,社会捐赠数额占总筹集额的比例仍较小(0.45%);自筹资金仅次于政府拨款,达26.17亿元,占总筹集额的16.24%,金额总量和占比均略低于2017年;其他收入8.30亿元,占5.15%,高于2017年的3.99%(图3–21)。

各地区科普经费主要依靠财政拨款,以科普专项经费的形式下拨经费,以保证本地区最重要科普活动的举办。由图3–22可以发现,2018年各省份的政府拨款是科普经费筹集额的主要来源,吉林的政府拨款比例最高,为94.13%。自筹资金是科普经费筹集额的另一个重要来源,其中,自筹资金比例较高的是上海和天津,这一比例分别为32.56%和27.00%。

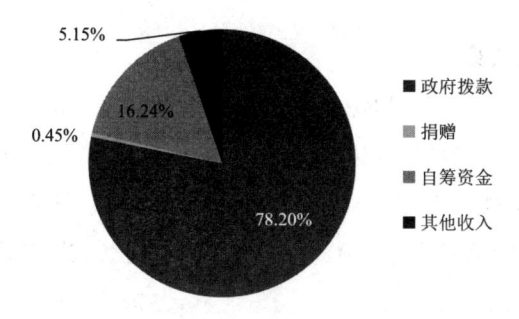

图 3–21 2018 年科普经费筹集额的构成占比

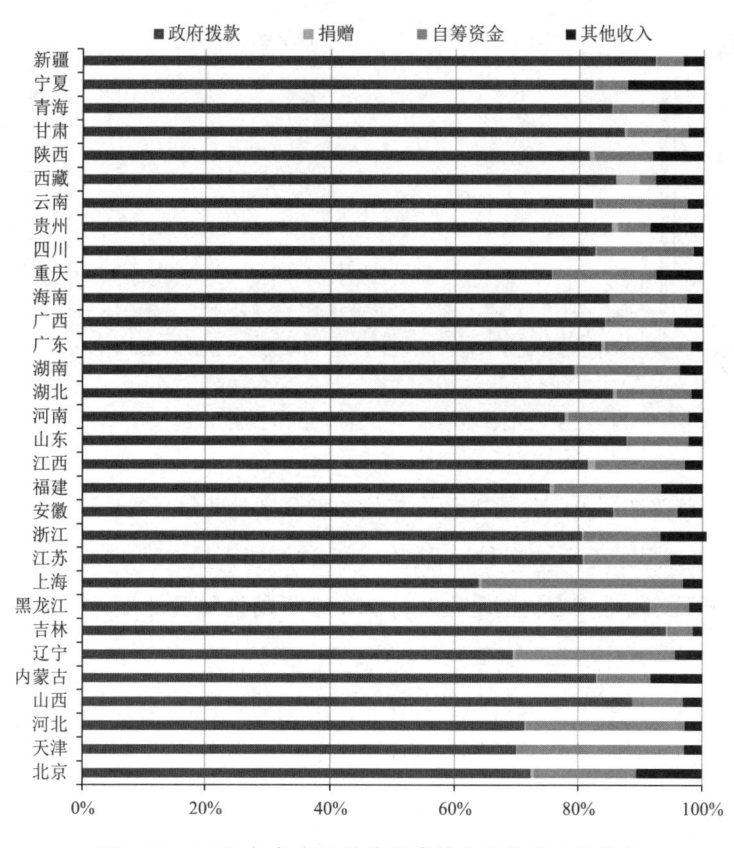

图 3–22 2018 年各省份科普经费筹集额构成占比情况

### 4. 科普传媒

北京市出版科普图书种数依然排在全国首位（图3–23），数量比2017年增加160种；出版种数排名前5位的省分别是北京（4 400种）、上海（1 131种）、江西（544种）、吉林（460种）和辽宁（418种）。科普图书出版总册数排名前5位的省分别是北京（5 137万册）、江西（881万册）、上海（555万册）、江苏（379万册）和重庆（171万册）。

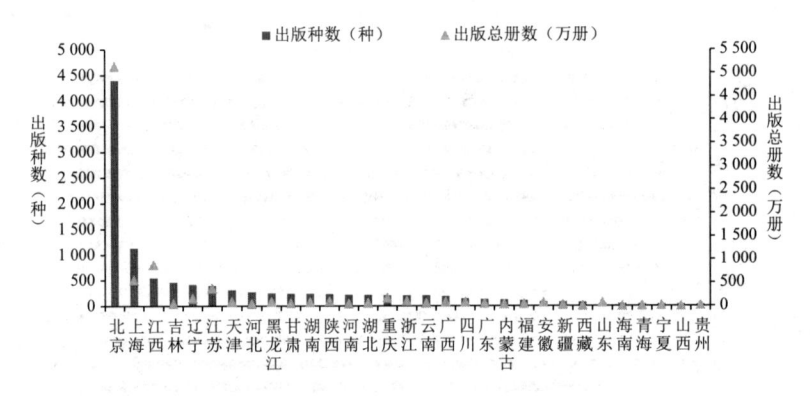

图3–23　2018年各省份科普图书出版种数和总册数

科普期刊出版种数排名前5位的省分别是北京（211种）、上海（121种）、江苏（98种）、重庆（85种）和吉林（63种）。科普期刊出版总册数排首位的是上海（1 578.18万册），随后是北京（1 036.15万册）和辽宁（734.56万册）（图3–24）。

科普网站是指提供科学、权威、准确的科普信息和相关资讯为主要内容的专业科普网站。政府机关的电子政务网站不在统计范围之内。

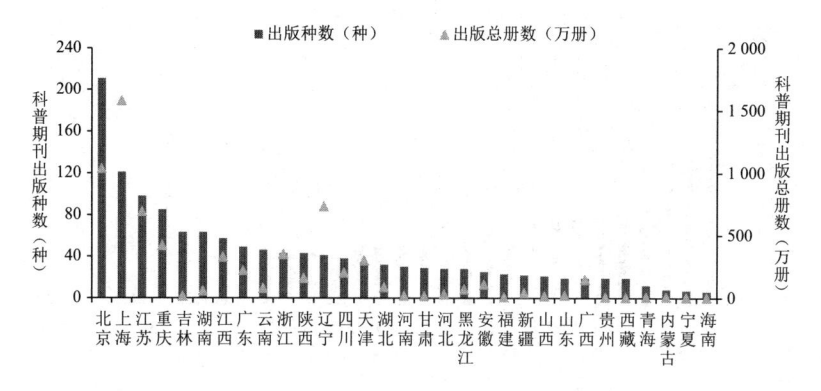

图 3-24　2018 年各省份科普期刊出版种数和总册数

随着国民经济的快速发展，互联网逐渐成为公众获取信息的主要渠道。中国互联网络信息中心（CNNIC）发布的《第 43 次中国互联网络发展状况统计报告》显示，截至 2018 年 12 月，中国网民规模达 8.29 亿，互联网普及率为 59.6%，手机网民规模达 8.17 亿，全年新增手机网民 6 433 万。截至 2018 年 12 月，网民使用手机上网的比例达 98.6%，使用台式电脑、笔记本电脑上网的比例分别为 48.0% 和 35.9%，使用电视上网的比例为 31.1%。中国互联网在整体环境、互联网应用普及和热点行业发展方面取得长足进步。科普工作也正在充分利用网络传播的优势和特点，通过互联网大量进行科普信息发布和交流，不断扩大科普传播的广度和深度。

2018 年，我国共有科普网站 2 688 个，比 2017 年增加 118 个。从图 3-25 可以看出，拥有科普网站数量超过 100 个的省依次是北京（286 个）、上海（213 个）、广东（172 个）、四川（136 个）、江苏（130 个）、河南（117 个）、湖北（113 个）、浙江（110 个）、重庆（109 个）。

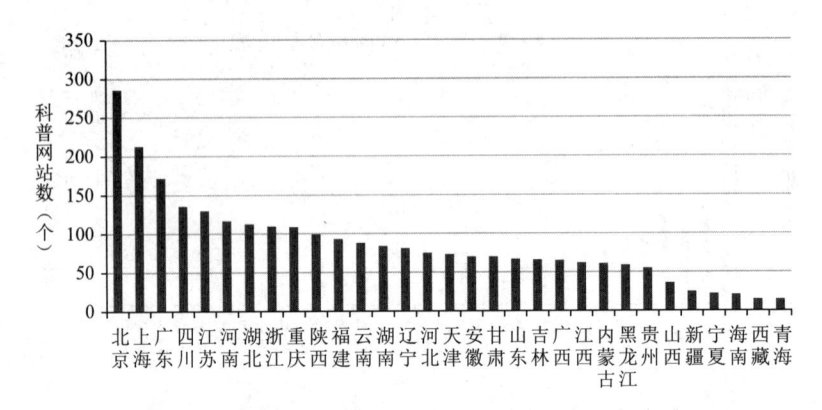

图 3-25　2018 年各省份科普网站数

电视是公众获取科技信息的重要渠道。在广播电视部门的组织下，各地有条件的电视台开辟了专门的科普（技）栏目。2018 年，全国电视台共播出科普（技）节目时间 77 979 小时，比 2017 年减少 13.11%。

上海的电视台科普（技）节目播出时长（10 928 小时）居全国首位，其次是云南（7 041 小时）、广东（5 225 小时）、山西（4 345 小时）和湖南（4 197 小时）（图 3-26）。

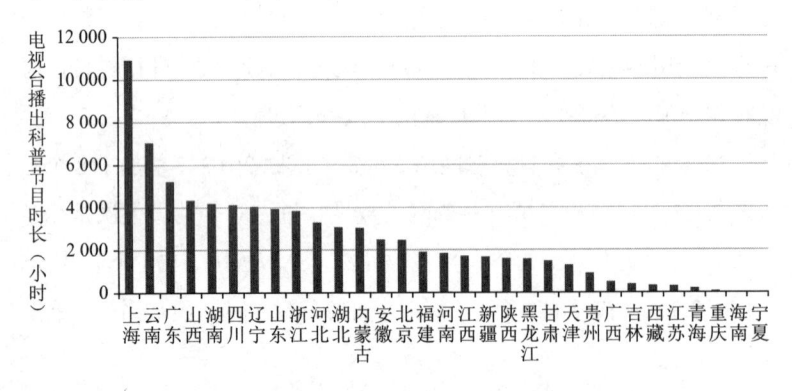

图 3-26　2018 年各省份电视台播出科普节目时长

## 5. 科普活动

从各省来看，举办科普（技）讲座次数居前10位的省份分别是上海、浙江、江苏、北京、湖北、云南、四川、广东、安徽和山东。其中，上海以7.15万次居第1位，浙江、江苏、北京都超过了6万次，分别以6.64万次、6.44万次和6.41万次居第2~4位（图3-27）。

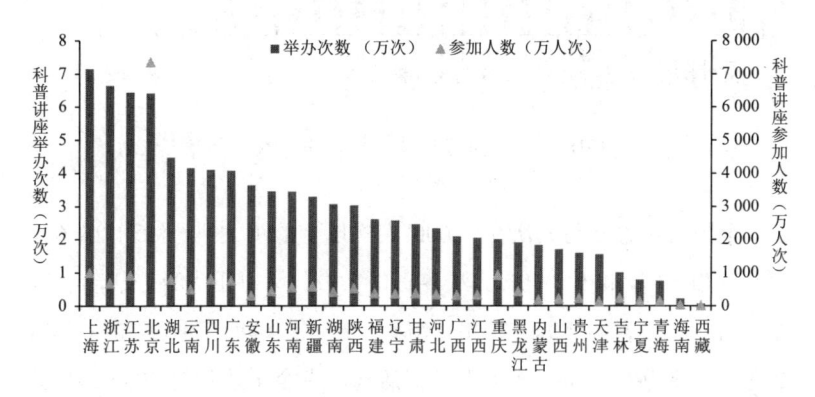

图 3-27　2018年各省份科普讲座举办次数和参加人数

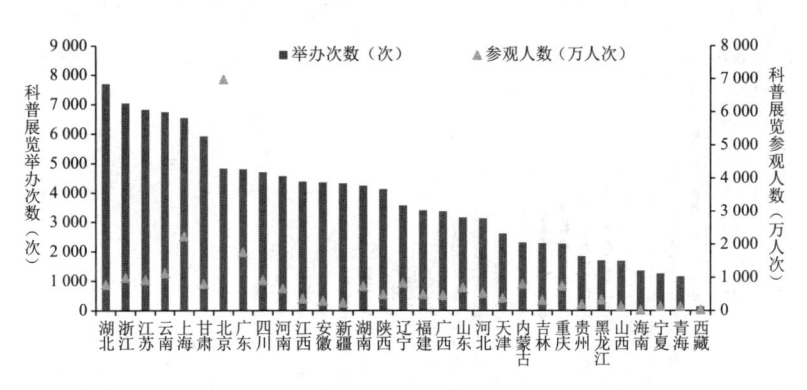

图 3-28　2018年各省份科普展览举办次数和参观人数

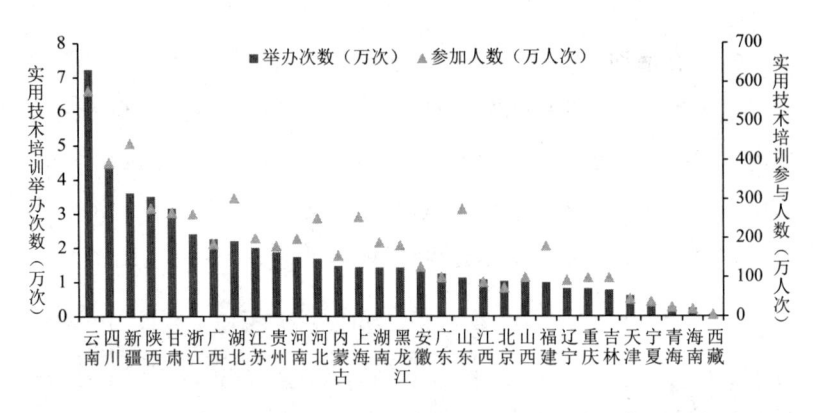

图 3–29　2018 年各省份应用技术培训举办次数和参与人数

全国共举办参与人次在 1 000 人次以上的重大科普活动 25 661 次，比 2017 年减少 7.70%。从各省份来看，举办重大科普活动次数较多的前 5 个省为江苏、四川、河南、广东、陕西（图 3–30）。这 5 个省一共举办了 7 362 次重大科普活动，占全国总数的 28.69%。其中，江苏举办了 1 928 次重大科普活动，在全国各省份中领先。

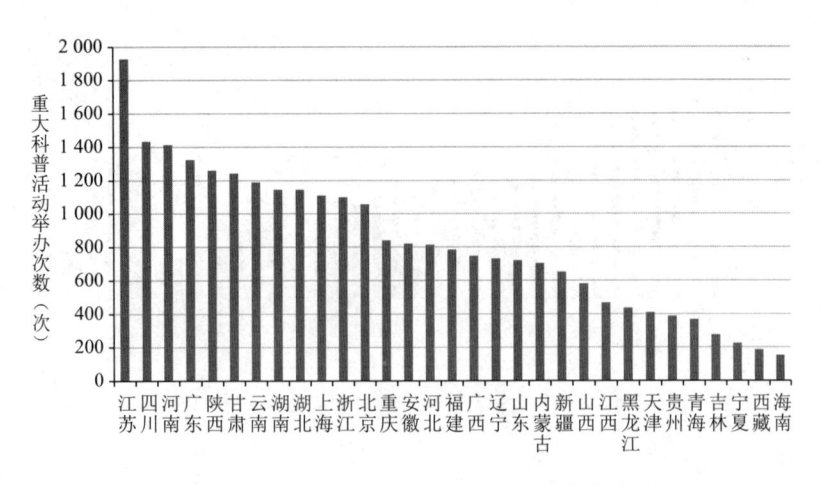

图 3–30　2018 年各省份重大科普活动举办次数

### 6. 创新创业中的科普

众创空间是顺应网络时代创新创业特点和需求，通过市场化机制、专业化服务和资本化途径构建的低成本、便利化、全要素、开放式的各类新型创业服务平台，是创新与创业相结合、线上与线下相结合、基础服务与增值服务相结合，满足不同创业者需求的工作空间、网络空间、社交空间和资源共享空间。2018年9月，国务院在《关于推动创新创业高质量发展打造"双创"升级版的意见》中提出，要建立众创空间质量管理、优胜劣汰的健康发展机制，引导众创空间向专业化、精细化方向升级，鼓励具备科研基础的市场主体建立专业化众创空间。

2018年，全国共有众创空间9 771个，比2017年增加1 535个，增长18.64%。服务创业人员数量213.35万人，比2017年增加73.58万人，增长52.64%。由图3–31可以看出，全国众创空间数量居位前5位的省是陕西（1 332个）、上海（1 279个）、北京（609个）、江苏（504个）、云南（503个）。

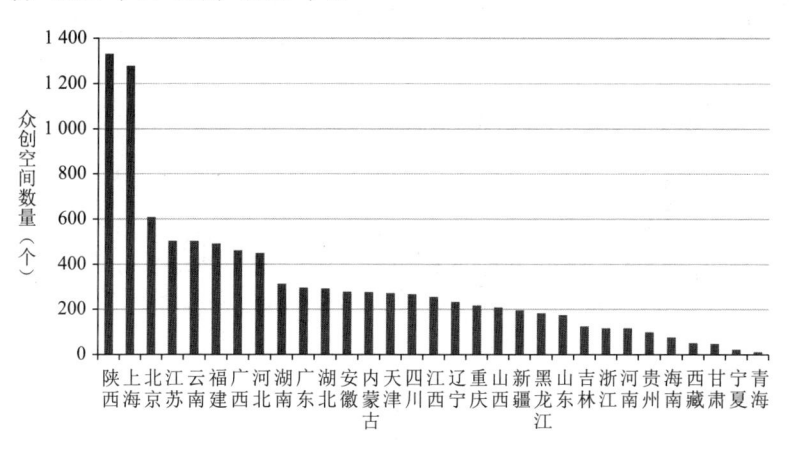

图3–31　2018年各省份众创空间数量

全国各地众创空间数量差异较大，东部沿海等发达地区调结构、转型升级步伐迈得更早、更快，京津冀、长三角和珠三角等经济圈的众创空间数量和服务能力都具有相对优势，同时西部地区创新创业活跃度也在提升。

创新创业培训是指各类单位举办的创业训练营、创业培训等创新创业的培训活动。2018 年，全国共组织创新创业类培训 8.04 万次，比 2017 年增加 968 次，增长 1.22%，共有 479.70 万人次参加创新创业培训活动，比 2017 年增加 40.92 万人次，增长 9.33%。

培训次数排名前 10 位的省份依次为上海（11 089 次）、湖南（5 178 次）、江苏（4 536 次）、河北（4 224 次）、陕西（3 871 次）、湖北（3 330 次）、山西（3 136 次）、云南（2 936 次）、河南（2 891 次）、四川（2 889 次）（图 3-32）参加创新创业培训人次排名前 5 位的省份分别是江西（57.36 万人次）、上海（47.51 万人次）、湖南（28.04 万人次）、北京（27.80 万人次）、湖北（22.38 万人次）。

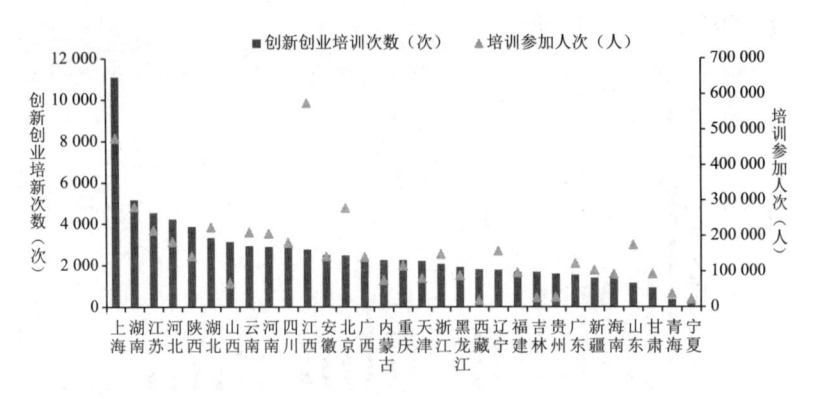

图 3-32　2018 年各省份创新创业培训组织次数和参加人数

## （二）老科技工作者中从事科普工作贡献分析

**1. 完善老科协报告团网络，扩大科普报告辐射面**

中国老科协加强与地方老科协科学报告团的合作互动，开展多场上下联动的报告团活动，扩大科普报告的辐射面，完善中国老科协总团、地方省分团、地市支团和县报告团等全覆盖的报告团网络。2019年，中国老科协报告团共在20多个省市开展科普报告320场，其中院士精品报告12场，听众超过19万人。加强科普专家库建设，遴选授课效果好，身体健康的农业、医疗、健康保健、军事和大数据等方面的专家，补充到中国老科协科学报告团科普专家库中，提高报告团专业化水平。

中科院分会举办科普报告262场，受众45 975人次，举办科普论坛119场，受众22 804人次。新疆老科协利用科普宣讲引导各族群众抵制宗教极端思想的渗透，深入塔城、喀什等5个地州23个县市，重点面向基层干部、农民、青少年等群体，在社区、乡村、学校举办各类科普讲座344场，受众17.5万人次，"健康快车"公益项目组织120余位自治区医疗专家赴18个县市开展讲座239场，覆盖群众近10万人。山东省老科协举办高层次科普报告会20余场，受众20 000余人次。省老科学家科普报告团入选山东省科协2019年科普示范团队。河南省老科协正式组建科学报告团，着力打造"院士专家报告会"品牌，在14市26县（区）举办报告会58场，受众53 900人，其中领导干部专场报告会34场，受众27 900人。《乡村振兴战略》《中国梦强国梦》等报告在各地党校、干部中心组学习、大中学校受到热烈欢迎。陕西省老科协组建科普报告团，聘请包括6位院士在内的20余名著名专家为报告团成员。重庆市老科协开展院士专家进校园科普活动，组织 50 多位院士专家深入全市 15 个区县的 70 余所大中小学开展 150 余场科普讲座，受众 5 万余人。福建省老科协组织全省三甲医院 48 名权威医学专家联合撰写并出版《医学专家谈健康》科普图书，受到各界关注。黑龙江省哈尔滨、鸡西老科协的两部作品获评 2019 年黑龙江省优秀科普图书。四川省老科协组织科普进龙苍沟森林，宣讲科学利用森林资源和森林医学研究成果，倡导森林康养慢生活，实现森林保护与科学利用。云南全省老科协开展科普培训 3 000 余场，受众 30 余万人。内蒙古全区各级老科协共建立科普讲师团、科普讲堂 63 个，拥有科普专家 343 人，组织科普宣传活动 1 000 余场，受众近 10 万人次。广西桂林市老科协大力面向青少年开展科普教育。市老科协"五老"宣讲团进学校作共和国英雄事迹报告 46 场，受众 47 120 人。

表 3-6　2019 年中国老科协报告团工作情况

| 老科协报告团 | 科普报告场数（场） | 受众人数（万人） | 备注 |
| --- | --- | --- | --- |
| 中科院分会 | 262 | 4.6 | 其中"科普论坛"119 场，受众人数 2.3 万人 |
| 新疆老科协 | 344 | 17.5 | 重点面向基层干部、农民、青少年等群体，在社区、乡村、学校举办各类科普讲座 |
| 健康快车公益项目 | 239 | 10.0 | 组织 120 余位自治区医疗专家赴 18 个县市开展讲座 |
| 山东省老科协 | 20 | 2.0 | 省老科学家科普报告团入选山东省科协 2019 年科普示范团队 |
| 河南省老科协 | 58 | 5.4 | 其中领导干部专场报告会 34 场，受众 2.8 万人 |

续表

| 老科协报告团 | 科普报告场数（场） | 受众人数（万人） | 备注 |
|---|---|---|---|
| 重庆市老科协 | 150 | 5.0 | 组织 50 多位院士专家深入全市 15 个区县的 70 余所大中小学开展科普讲座 |
| 云南省老科协 | 3 000 | 30 | — |
| 内蒙古老科协 | 1 000 | 10 | 内蒙古全区各级老科协共建立科普讲师团、科普讲堂 63 个，拥有科普专家 343 人 |
| 广西桂林市老科协 | 46 | 4.7 | 面向青少年开展科普教育，市老科协"五老"宣讲团进学校作共和国英雄事迹报告 |

**2. 老科协大学堂培训多元化、个性化、专业化**

2019 年，中国老科协共举办大学堂培训班 5 期，其中科普讲师提高培训班 2 期，全国老科协工作人员培训班 2 期，全国老科协党务干部研讨班 1 期，参训人数共计 291 人。全国老科协党务干部研讨班是首次举办的专项培训，聚焦专项业务能力提升，促进培训班多元化、个性化、专业化发展。科普报告团讲师培训和老科协工作人员培训以西部地区为重点，逐步缩小公民科学素质的"贫富差距"，以重点人群科学素质行动带动全民科学素质的整体提高。今年还完成了科普讲师培训大纲构建，开展《新时代中国老科协科学报告团科普讲师培训与发展研究》，在全国层面有序指导开展科普活动。

湖南省老科协大讲堂举办网络直播大型科普报告与讲座 6 场，举办科技创新与乡村振兴相关业务知识网络培训班，受众 3 万余人次，上传各类科普视频近 400 个，保持更新大讲堂 APP，影响力、收视率不断提升。广东省老科协专业培训中心和省科技职业培训学校助力广东省人才培训工作。2019年共招收网络教育、成人教育、技术培训各类学生2 962人,现共有在校培训生4 454人。铁四院老科协加强老年大学管理,改善教学条件,增加教学设备,学员人数较往年有较大幅度的增加,湖北电视台文艺频道进行了专程采访。

**3. 助力农村中学科技馆建设**

中国老科协2019年在5个省、自治区协助建设农村中学科技馆14所。中国老科协分赴甘肃、陕西、新疆的10所农村中学科技馆考察了解情况,了解农村中学科技馆建设情况、展教活动开展情况和作用效果,收集建馆运行的特色做法和经验,以及老科协发挥人才智力优势与农村中学科技馆结合的案例。同时在四川、甘肃、内蒙古、新疆、青海、山西、湖南、重庆、安徽、河南、江西、贵州等地的17所农村中学科技馆举办专场科普报告23场,助力中西部农村青少年科普素质提升。

**4. 举办医疗义诊活动,推进老科协志愿服务队伍建设**

中国老科协今年发出《关于组建老科技工作者志愿服务总队的通知》,得到各级老科协的积极响应。四川、上海等省级老科协纷纷成立老科技工作者志愿服务队,开展志愿服务活动。2019年,中国老科协组织多位全国知名医疗专家,分别赴湖南、山东、新疆、甘肃开展医疗义诊活动4次,在当地医院现场坐诊,进行科普讲座、培训医护人员,共诊治患者6 013人次,接诊疑难杂症患者156人次,查房590人次,科室会诊73人次,指导手术7例,培训医护人员3 189人次,举办健康保健科普报告惠及听众6 468人次。医疗义诊活动为基层医院提升医疗技术水平,增强当地百姓自我保健意识,解决就医难等问题做好事、做实事。

浙江全省各级老科协组织义诊226场次，免费配送药品，惠及群众32 937人。福建省老科协深入16个革命老区县开展大型义诊健康扶贫活动，邀请省城三甲医院14个学科的16名专家，重点针对老红军、伤残荣誉军人、特殊困难户、失独家庭、贫困户等开展义诊，为疑难杂症患者提供免费疾病咨询、筛查及诊断，开展专业技能培训、乡村医生培训及科普讲座，深受老区群众赞誉。黑龙江省大庆市老科协在国家重点扶植的贫困县林甸县创办健康扶贫爱心基地，对因病致贫的贫困户定期下乡义诊，建档立卡，定期跟踪，实行免费治疗，形成系统有序的帮扶链条，并建立6个健康扶贫爱心基地，服务300户贫困家庭，免费发放生活物资及各种药品8万余元，到院治疗减免药费10万余元。山西省老科协组织义诊医疗队9名专家，赴忻州市妇女儿童医院开展帮扶义诊，示教手术2台，体外转位顺产1例，举办各类专题讲座20场，诊治疑难病例30余例，儿科抢救危重患儿3例，培训新生儿窒息复苏技能70人次，检查和培训全院的护理工作。

**5. 老科技工作者投身科普事业，成为科普宣教的"生力军"和"引路人"**

（1）致力于提高全民科学素质：老科技工作者规模庞大、专业齐全、热心奉献、经验丰富、影响广泛，是扩大科学普及的社会受益面，提高全民科学素质的重要力量。他们已经成为科普宣教的"生力军"。2016年，40.1%的老科技工作者举办过科普讲座或培训，38.8%的老科技工作者为科普场馆提供过服务。广西近500位老科技工作者组成科普宣讲团，受益群众近300万人次；陕西6万人次老科技工作者参与"科技之春"科普活动，受益群众逾百万人次。孙家栋院士表示要把科学普及放在与科技创新同等重要的位置。

（2）为青少年科普引路导航：老科技工作者深受青少年欢迎。广州大学老科技工作者组成的"科技辅导团"8年间在200余所中小学组织了科技活动，激发青少年的科学梦想，宣讲科学的道理、科技的作用，成为青少年追求科学梦想的"引路人"。

（3）继续发挥作用方式：老科技工作者通过多种形式继续发挥作用，意在科普宣传（36.1%）、建言献策（31.0%）、技术咨询（26.5%）、教育培训（26.2%）等领域释放余热（图3-33）。近七成老科技工作者愿意以"老科协报告团"的方式，进企业、进农村、进社区、进学校，去传播技术、传播知识。在科普领域继续发挥作用是不同职业老科技工作者的共同选择。从事技术推广、科教辅助工作的老科技工作者中分别有45.8%和41.2%希望通过科普宣传继续发挥作用。科普宣传也是科学研究人员（36.9%）、行政管理干部（36.8%）、工程技术人员（35.5%）、大学教师（34.8%）、医务人员（33.2%）继续发挥作用的第一选择（李慷，邓大胜，2019）。老科技工作者人生阅历和工作经验丰富，社会影响广泛。他们通过参加调查研究、参政议政等活动，为经济和社会事业发展出谋划策、建言献计，使他们

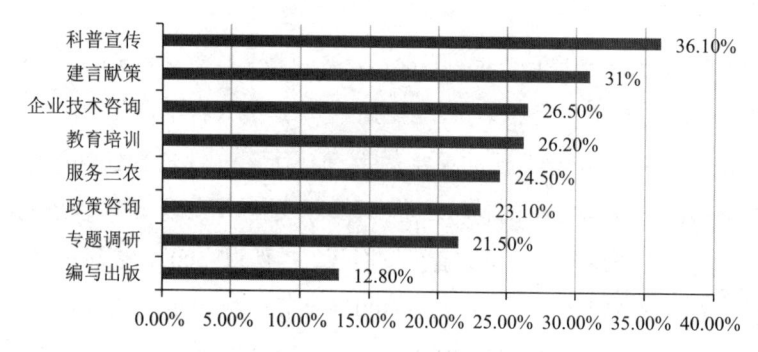

| 类别 | 比例 |
| --- | --- |
| 科普宣传 | 36.10% |
| 建言献策 | 31% |
| 企业技术咨询 | 26.50% |
| 教育培训 | 26.20% |
| 服务三农 | 24.50% |
| 政策咨询 | 23.10% |
| 专题调研 | 21.50% |
| 编写出版 | 12.80% |

图3-33 老科技工作者希望继续发挥作用的方式

的宝贵经验发挥更大效应。31.0%的老科技工作者希望以建言献策的方式发挥作用，33.5%的老科技工作者 2016 年曾利用专业知识为政府部门提供过决策咨询。福建省老科技工作者积极开展调研建言，先后向福建省委省政府呈送 20 份调研报告，先后得到 56 次批示，部分建议被纳入福建省人大颁布的条例中。

**6. 老科技工作者服务"三农"助力企业，为创新驱动发展服务**

一是走进农村，服务"三农"发展。涉农专业和基层老科技工作者积极面向农业生产第一线，深入农村基层开展技术咨询、技术服务、技术培训等活动，推广先进技术，提高农民科学素质，为促进农村发展、农业增产和农民增收贡献智慧和力量。2016 年，35.2%的老科技工作者曾参加科技下乡活动，深入基层开展农业科技推广等活动。新疆老科协先后组织 50 余位老科技工作者 10 次深入南北疆，深入村户检查指导农村沼气建设，帮助新疆农村家庭开启养殖型沼气生态模式。吉林省的农业老科技工作者解决了上百个蔬菜生产技术难题，推广了 50 余个名优特尖蔬菜新品种，直接跟踪指导 100 余户菜农科学种菜。

二是走进企业，助力企业技术创新发展。部分老科技工作者利用专业技术优势助力企业技术创新发展，为企业创新发展提供咨询和建议，提供技术和人才支撑，促进企业技术创新，推动企业科技成果转化，服务企业转型升级。2016 年 43.1%的老科技工作者曾为企业创新发展提供咨询和建议。天津市老科技工作者组成的咨询委员会服务了上百家企业，为企业搭建了产学研合作平台，帮助企业进行知识产权质押贷款和知识产权保护，为企业争取了近亿元市级和国家级财政支持。

**7. 发挥老科技工作者专业特长，开展科普宣传，为提高公民科学素质贡献力量**

据不完全统计，各级老科协的报告团有近 5 000 多个，老专家近 5 万余人，30 年来举办科普报告活动 30 余万场，受益人数达 3 000 多万人次。2003 年，各地老卫协积极参与非典防治的宣传工作和服务活动并得到表彰。2008 年 5 月 12 日汶川地震发生后，老科协通过科普讲座和大众媒体积极普及地震的相关知识。中国老科协大力支持新疆老科协针对极端宗教势力的歪理邪说，面向基层群众开展科学知识宣讲活动，2018 年举办讲座 200 场，受众达 30 多万人，对提高各族群众的科学素质，凝聚民心、维护和谐稳定起到了积极的作用。

各地老科协十分重视对青少年的科普教育，积极培育未成年人的科学思维、创新精神、动手能力，帮助他们实现德智体美全面发展。中国老科协还协同科技馆发展基金会，助力中西部老少边穷地区农村中学科技馆建设。截至 2018 年底，建设农村中学科技馆 850 所。

各地老科协形成了省、市（地）、县三级科学报告团联动网络，每年都有近四千名老专家参与科普报告活动。各地多年来坚持组织医疗老专家深入老少边穷、农村和城市社区为人民群众现场坐诊，举办健康知识讲座、培训医护人员，受到广泛欢迎。

**（三）发挥优势，开展调查研究，积极为党和政府科学决策建言献策**

建言献策硕果累累。据不完全统计，各省、自治区、直辖市老科协和有关分会、直属团体 30 年来所提建议有 20 余万项。近 10 年来，得到省部级领导批示的有 2 000 余份，得到国家领导人批示的有近百份。

推动若干重要问题的科学决策。中国老科协上报的《关于加快农村沼气服务体系建设的建议》，经国务院领导批示后，有关部门新增农村沼气建设投资 50 亿元，极大地改善了农村的能源建设；中国老科协转报上呈的四川省老科协《南水北调西线工程备忘录》，为国务院决定暂缓西线工程前期工作提供了决策参考；转报的上海市退（离）休高级专家协会《关于在长江中下游冬麦区加快推广小麦新品种"罗麦 10 号"种植的建议》，为农业部推广"罗麦 10 号"种子种植提供了决策参考。水利老专家张奕璇呈报的《关于如何挽救与保护因长江三峡工程造成的淹没大片耕地的报告》，经国务院领导批示后，有关部门先后拨款 21.3 亿元在有关省市实施，取得显著的生态、经济和社会效益。近年来，中国老科协前后三次上报了关于对既有多层住宅加装电梯的建议报告，国务院领导先后作了重要批示。李克强总理在 2018 年和 2019 年的《政府工作报告》中先后提出在老旧小区改造中"鼓励有条件的加装电梯""支持加装电梯"。这一重大民生举措受到人民群众的广泛欢迎。

建立专家智库加强队伍建设。2016 年，中国老科协在中国科协创新战略研究院设立了"中国老科协创新发展研究中心"，并先后聘请了 22 名领导和专家担任特邀研究员，加强了咨询队伍建设。近年来，由特邀研究员主持完成了数十项课题研究。

## 第四节　小结

### 一、国内科技奖励体系

（1）我国政府科技奖励体系采用层级递进制模式，最高为国家级科技奖励，共有五项，分别为：最高国家科学技术奖、国家自然科学奖、国家技术发明奖、国家科学技术进步奖以及国家科学技术合作奖。2005 年起，在国家科技进步奖中就包含了科普项目奖，2005~2019 年这 15 年间共有 57 部科普作品获得国家科技进步奖，平均每年 3 部之多。

（2）《国家科学技术奖励条例》和科学技术部 1999 年 12 月 26 日发布的《省、部级科学技术奖励管理办法》中规定"国务院所属其他部门不再设立部级科学技术奖"。所以各部委仅设立了与其性质相关领域的奖项，设置的奖项有根据社会力量设奖精神举办的，也有与相关行业协会联合承办的。如水利部主管协会学会的中国水利学会评审的"大禹水利科学技术奖"、中国水利水电勘测设计协会评选的"全国优秀水利水电勘测设计奖"和中国水利工程协会评选的"水利工程优质（大禹）奖"。交通运输部主管学会的中国航海学会设立"中国航海学会科学技术奖"。

（3）我国 31 省市科技奖励的设置较为丰富，有的省市只设立一类科技奖励，如江苏、浙江、西藏、陕西。其科学技术奖分为重大贡献奖、一等奖、二等奖、三等奖四个类别；有的省市则多达七类，如湖北和上海。科技奖励奖项设置在近些年也不断在调整。部分省份所设立的省科学技术进步奖中也涵盖了科普项目类，如湖北、湖南、山西等。上海市科学技术奖中专门设置了科学技术普及奖。中国各省市科学技术奖的奖励经费由各省市财政专项列支。评审组织主要由相应省份的人民政府或科技厅设立。

（4）我国社会力量设立科学技术奖种类丰富，基本涵盖我国科学技术各个领域。从奖励周期上来看，主要为一年一次或两年一次，极少部分为三年一次，如全国总工会职工技术成果奖。在奖励办法方面大多设有奖金,并分为一、二、三等奖三个等级。部分行业协会设集体奖及个人奖。

## 二、国内科普奖励体系

### (一)高层次科普获奖数量下滑

高层次科普获奖主要包括国家科技进步奖社会公益类项目中的关于科普作品评奖。2012~2017 年,科普项目获得科技进步奖的数量总体呈现上升趋势。同期,国家科技奖的授奖数量总体也在精简,科普类作品获奖的占比也随之提高,但从 2017 年开始科普项目获奖数量不断下滑,2019 年度国家科技进步奖获奖的科普项目只有 2 项。1 项为纸质出版物《优质专用小麦生产关键技术百问百答》,1 项为《急诊室故事》医学科普纪录片,关注农业生产和医学科普问题。国家奖励办有关负责人说,相比其他奖项,目前推荐评奖的科普作品数量少,推荐渠道也比较集中(喻思娈等,2017)。

在国家科技进步奖中科普项目类等高层次科普作品评奖时,应考虑增加推荐评奖的科普作品数量,在推荐形式上也应趋于多样化。通过对历届国家科技进步奖中科普项目获奖作品进行梳理可知主要还是以科普图书类作品为主,以电子/音像出版物为载体的科普获奖项目是极少数。近几年可能由于多媒体的迅速发展,影音科普作品获奖数量开始增加。只有提高高层次科普作品评奖比例才能让更多种类的科普作品有机会参与到评选中来,但提高比例不意味着忽视作品质量,要在控制作品质量的前提下评选出更多的优秀科普作品,只有这样,才能更好的激发科普创作人才创作的积极性,创作出更多的优秀科普作品,形成科普创作良性循环。

## （二）各省份科普创作水平差别较大

通过分析各省份2011~2018全国优秀科普作品累计获奖数量发现，在科普创作水平方面：东部地区＞中部地区＞西部地区。在东部地区，北京与上海表现最为突出，且上海2019年在科学技术奖励规定中，首次专门设立"科学技术普及奖"，由此可见上海市对科普发展的重视程度。而西部地区部分省份从未获得过全国优秀科普作品。

由于中国各省份在文化、经济、教育水平上发展不均衡，存在较大差异。并且从科普创作人才来看，中国高水平的科普人才匮乏（王志芳，2013），对于西部地区人才就更加缺乏。针对省会或一二线城市相对而言，比较容易引进高学历高职称的科普兼职人才，但对于三四线城市就比较困难。中国东部地区科研、教学单位比较多而集中，科普兼职人员队伍发展比较快，而中西部地区的科普兼职人员就相对比较少（赵东平等，2020）。中国科普经费投入具有区域发展不平衡特征的现状仍在持续。东部地区的科普经费筹集额占全国总额的59.19%，高于中部和西部地区之和（2019）。这些因素都直接或间接地影响了我国西部地区科普创作水平的提升，导致很难创作出优秀的科普作品。

各省份应鼓励各地方、各单位在科普创作方面开展差别化探索，形成可复制、可推广的经验。引导企业、院校、行业组织和社会机构广泛参与科普人才的在职培训，构建专业化、社会化、多元化的科普人才在职培训体系，只有科普人才队伍建设水平提高了，才能创作更好的科普作品。西部地区应积极学习东部地区的科普创作经验，根据自身实际，探索出一条适合于西部地区科普创作的发展之路。各省份科技厅或科技工作者协会可定期举办科普创作研讨会议，前往科普创作好的地区学习交流，构建在科普创作领域有兴趣和成就的老科学家与有志于科普创作的中青年科研人员的互动交流机制（陈玲等，2018）。最后通过引进相关领域高素质人才兼职从事科普工作，这样可以有效地促进地方科普创作发展。

（三）科普作品奖项连续性总体不佳

由于受资金的限制，很多科普奖项不能持续稳定地运行。如中国科普作家协会优秀科普作品奖一直缺乏稳定的奖金来源。同样受资金的限制，部分省份不能保证设立奖项的连续性，出现评奖周期较大波动的现象，如前些年上海市科协组织的优秀科普作品奖也由于资金原因中断评选，山东省科普创作协会优秀科普作品奖在 2003 年首评，后中断，于 2015 年恢复。部分社会行业协会/学会设立的科普作品奖项总体来讲连续性不佳，不能维持稳定的奖励周期，很大程度上影响了奖项评选长效机制及科普创作人员投入科普创作的积极性。想要科普事业得到长足的发展，必须要有持续的资金保障。目前中国科普经费主要来源包括以下几个方面：各级人民政府的财政支持、国家有关部门和社会团体的资助、国内企事业单位的资助、境内外的社会组织和个人的捐赠等（2019）。

有关部门和机构要加大对行业内具有引领和示范作用的重要专业奖项的资金支持，帮助其获得基本奖金保障，增强社会号召力，打造强势品牌。想要加强科普作品奖项设立持续性，一方面就是形成一套完善的激励机制，如增加奖金额度，多设奖金奖励，适当减少获奖名额，把奖金集中，能最大程度地鼓舞科普创作。另一方面要使科普作品奖项运行设置公开公正透明化，必须建立一套长效机制，如公开评审（党伟龙等，2012b），建立专门的多媒体公众号，将历届评奖信息向公众信息公开，这样不仅为奖项设立做好了宣传，同时也让奖项透明化，能有效地促进科普作品奖项设立的连续性。

### 三、老科技工作者现状及科普贡献分析

（1）老科技工作者生活及保障状况整体良好，但部分老科技工作者反映社区养老服务基础较弱，且住宅适老化程度较低，增大了出行困难。老科技工作者高度认同党的领导，关注国家出台的政策方针，对实现国家科技经济发展充满信心，爱国情怀深厚。进入新时代，中国老科协深入学习领会习近平总书记系列重要讲话精神和中央党的群团工作会议精神，坚定不移地走中国特色社会主义群团发展道路。中国老科协和各地老科协及基层组织都建立了党组织，切实把加强党的领导落在实处。自老科技工作者协会成立以来，老科协始终坚持起好桥梁纽带作用，及时反映老科技工作者的诉求。

（2）通过分析中国老科协 2019 年年度报告工作情况，中国老科技工作者活跃在不同领域的科普工作中，并通过不同形式在不同地方开展科普讲座。据不完全统计，各级老科协的报告团有 5 000 多个，老专家 5 万余人，30 年来举办科普报告活动 30 余万场，受益人数达 3 000 多万人次。2019 年，中国老科协报告团共在 20 多个省份开展科普报告 320 场，其中院士精品报告 12 场，听众超过 19 万人。部分老科协有多部科普作品获得省优秀科普作品奖。老科技工作者通过多种形式继续发挥作用，其中在科普宣传方式上意愿占比较高。各地老科协十分重视对青少年的科普教育，积极培育未成年人的科学思维、创新精神、动手能力，帮助他们实现德智体美全面发展。

（3）老科技工作者是一支门类齐全、技术精湛、具有高度敬业精神的专业人才队伍。他们长期奋斗在教育、科研、文化、卫生和工农业生产等各个领域，积累了丰富的实践经验，具有较高的专业技术水平，为国家的科技进步、经济社会发展做出了重要贡献，是党和国家的宝贵财富，是科技人才队伍的重要构成。他们在过去的岁月里勤奋学习和工作，在为祖国社会主义建设事业做出贡献的同时，也积累了丰富的专业知识和实践经验。他们的聪明才智不会因退休而消失。他们对社会主义事业的热情也不会因退休而减退。他们是中国宝贵的人才资源。

# 第四章　中国老科技工作者科普奖和科普作品奖设立

参照国内外科普奖励的设立情况，结合文献资料及部分国内科普奖的管理办法，将老科技工作者科普奖和科普作品奖的设立研究内容分为三部分：设置模式、运行机制和激励机制。其中，设置模式包括设奖主体与承办机构、奖励范围与对象、奖项设置与名额以及评选周期；运行机制包括评选标准、评审机构、评审程序以及异议处理；激励机制包括表彰形式和资金来源两部分。

## 第一节　国际科普设奖模式总结

通过对多个发达国家的科学传播奖项和中国科普相关奖项进行梳理，借此可以看到国内外科普奖项设奖的一些特点。

首先，从国外科普奖项的设奖主体来看，政府部门或官方机构设奖较少（除了美国国家科学基金会与美国国家海洋和大气局），大多是民间性质的学术共同体、科教组织或慈善基金会等；从奖项的资金来源看，也多为私人捐赠。这与中国的情况很不相同，尽管《科普法》第二十六条指出"国家鼓励境内外的社会组织和个人设立科普基金,用于资助科普事业"。但实际上科普工作仍由官方主导,这类民间基金数量少、规模小,整体而言不成气候。现在我国最高层次科普奖励是国家科技进步奖中社会公益类别中的科普类奖励。除此之外,各省份虽也专门为科普设立相当数量的优秀科普作品奖或举办科普作品创作大赛,并由各省份的科普作家协会及科技厅组织专家评审会进行评选,但具有持续性的高层次科普奖励不多。其实,私人捐赠使得奖励较为灵活,更具特色,可以涵盖方方面面政府机关力所不及的细微领域。关系国计民生的大项目大工程,固然可由政府主导,但在文化、艺术、科教领域,民间组织有着更大优势。正如美国多个以卡尔·萨根命名的全国或地方性科普奖。中国也有面向青少年的"高士其科普奖"和林业领域的"梁希科普奖"等,但在奖项的数量、分量、多样化和开放性上,仍存在较大差距。

其次,国外科普奖项大多是年度奖励,已持续多年。其运作模式较为公正、规范,只要有稳定的资助方,奖励即可一直坚持下去,很少因个人意志转移。从这个意义上说,办活动不如设奖励,与其每年投入重金举办热闹一时的科普活动,不如用几十万、上百万设立一个或数个有分量的、可持续运作的科普奖项,在精神和物质上都给优秀科普工作者实实在在的鼓励。在获奖荣誉方面,国外较有影响力的科普奖项,其宣传力度大,对获奖者的介绍及其获奖作品具有何种意义都有着详细的介绍和解释。而国内科普奖项的奖励办法方面,不同省份不同奖项都有着较大差别。大多数省份只颁发奖状,没有奖金。部分省份在评选通知中未说明具体奖励办法。部分社会行业协会/学会设立的科普作品奖项总体连续性不一,不能维持稳定的奖励周期。评奖以精神奖励为主,通常不设或少设奖金。

再次，国外科普奖项在涵盖地域、所涉领域、奖励对象、奖励内容十分多样，可谓百花齐放，无论平面媒体还是立体媒体，传统媒体还是新媒体，都能在其中有一席之地。参奖范围也由以前简单的科学普及概念，拓展为"公众理解科学"的新形式，不仅仅关注参奖人或作品知识的传授、精神的宣扬，更把激励普通公众去关注、理解乃至反思科学作为目标内容。一切有利于科普的著书立说、新闻报道、广播评论、影视编导、公开讲座、科技展览等种种活动，皆属嘉奖范围之内。检索中国地方性科协和科普作协官网，发现各科普奖项主要面向科普作品，如科普图书、科普影视动画作品，而新兴科普作品、科普创作评论、网络科普作品、科普微信尚未纳入高层次、有分量的奖项评选。且对比国外科普设奖而言我国科普奖励的设置缺乏对人物的科普奖设置，基本表现为科普作品奖。

最后，从国内科普奖的评奖体系来看，中国有着一套较为成熟的评奖体系，基本都是各省份对推荐的科普作品进行评议，首先确定一批省级优秀科普作品，经公示无异议后，向社会推介。从省优秀科普作品中推选出部分优秀科普作品参加全国优秀科普作品评选活动。但国内科普奖项的管理落后于网络时代，各奖项的参奖、评奖、获奖信息不易于查找，也并不完善。国外（尤其英美）绝大多数科学传播奖项，都建有专门网站（有的甚至只接受网络申报），其背景资料十分详尽，不管是对科普奖项的宣传还是申报者都提供了极大的便利。

本章最终制定的设立方案如下所示：

表 4–1　设立方案

| | | 老科技工作者科普奖 | 老科技工作者科普作品奖 |
|---|---|---|---|
| 设置模式 | 设奖主体 | 社会力量 | 社会力量 |
| | 承办机构 | 中国老科学技术工作者协会 | 中国老科学技术工作者协会 |
| | 奖励对象 | 老科技工作者个人或组织 | 由老科技工作者个人或组织创作的科普作品 |
| | 奖励范围 | ①长期从事科普教育、科普宣传、科普管理或其他科普公益项目；②做出突出贡献、具有广泛影响力、产生重大社会或经济效益；③具有典型、代表性科普项目成果 | ①弘扬科学精神、传播科学思想、普及科学知识、倡导科学方法做出突出贡献的优秀科普作品；②作品形式含科普图书、科普影视作品、科普音像制品以及科普文艺作品（科普剧目、科普广播剧等） |
| | 奖项设置（单独设奖） | 科普杰出人物奖；科普突出贡献奖；优秀科普志愿者奖；专项科普优秀奖 | — |
| | 评选周期 | 两年一次 | 两年一次 |
| 运行机制 | 评选标准（要点） | ①参加评选的人员须为老科技工作者；②创新性思想；③成效显著 | ①参加评选作品的主要作者须为老科技工作者；②科普图书/影视作品/音像制品/文艺作品；③知识产权明晰 |
| | 评审机构 | 奖励办公室 | 奖励办公室 |

续表

| | | 老科技工作者科普奖 | 老科技工作者科普作品奖 |
|---|---|---|---|
| | 评审程序 | ①推荐方式为第三方限额推荐；<br>②形式审查与受理分为报送材料、初评和终评；<br>③获奖人名单经中国老科协常务理事会审议通过，确定获奖名单，并向社会进行公示；<br>④由中国老科学技术工作者协会颁发证书和奖金 | ①推荐方式为第三方限额推荐；<br>②形式审查与受理分为报送材料、初评和终评；<br>③获奖作品名单经中国老科协常务理事会审议通过，确定获奖名单，并向社会进行公示；<br>④由中国老科学技术工作者协会颁发证书和奖金 |
| | 异议处理 | 异议制度：公示之日起60日内以书面方式提出并提供必要的证明文件。 | 异议制度：公示之日起60日内以书面方式提出并提供必要的证明文件。 |
| 激励机制 | 表彰形式 | 以精神奖励为主，物质奖励为辅。 | 以精神奖励为主，物质奖励为辅。 |
| | 资金来源 | 社会捐赠/自筹资金 | 社会捐赠/自筹资金 |

# 第二节　老科技工作者科普奖和科普作品奖设置模式

## 一、设奖主体与承办机构

科技奖励的设奖主体包括政府和各种社会力量。政府奖励涵盖了国家级和省部级奖，有着强大的国家作为后盾，具有很高的权威性和影响力，而社会团体等非政府组织又有着很强的针对性和灵活性。两者相互补充相辅相成，共同促进科技奖励的发展。世界各国的科技奖项一般也确是由政府和社会力量所设立,只不过在不同国家,二者的主体地位不同。比如美国,社会力量设奖不仅在数量上远多于政府奖;仅美国物理学会、美国化学会和美国土木工程学会这三个学会设立的奖项就超过了 150 项,而且其影响力在政府科技奖励之上的也层出不穷,比如"泰勒环境奖""图灵奖""美国科学院奖"等(吴昕芸,2015)。

所谓政府奖励,是国家为了奖励在科学技术进步活动中做出突出贡献的公民、组织,调动科学技术工作者的积极性和创造性,加速科学技术事业(国家机关除外)的发展,提高综合国力而设立的科技奖项(颜瑶,2018)。政府设奖有明确的规章制度,颁奖时间、周期等较为固定,设置项目奖较多,荣誉度高、公信力强(吴昕芸,2015)。就国家级奖励而言,为了充分肯定科普工作者对科技发展和社会进步的贡献,2004 年,科学技术部已将科普纳入国家科学技术进步奖社会公益类项目的奖励范围。省(部)级科技奖励是指各省、自治区、直辖市和国务院各部委设立的科技奖。这些科技奖往往覆盖面较广,并且没有人员限制。若此时将老科技工作者科普奖和科普作品奖作为政府奖励则受众较少,因此,老科技工作者科普奖和科普作品奖不适合作为政府奖励。

社会力量设立科学技术奖,奖励的是在科学研究、技术开发、科技成果推广应用、高新技术产业化、科学技术普及等方面做出突出贡献的个人和组织(吴恺,2012)。与发达国家相比,中国社会奖励规模过小。造成中国社会奖励规模偏小的主要原因有二。其一,历史原因。20 世纪初,中国就出现由中国科学社等机构设立的社会奖励,民国时期增加了一些,但仍寥寥无几,能够统计在册的仅 24 项(姚昆仑,2007)。整个 20 世纪上半叶,中国大地战乱频仍,政府与社会各界均无力发展科技。新中国成立后，政府着力发展科学技术并对社会机构进行整合，及至后来发生"文化大革命"等政治活动，社会科技奖励基本停止。直到八十年代改革开放，社会奖励才恢复并发展起来。相反，美国科技奖励自 17 世纪英格兰殖民时期就已开始，而今已近 400 年的历史。其二，社会结构与制度原因。中国社会结构单一，长期以来政治因素在社会生活各个方面发挥主导作用，加之原有计划经济体制的长期推行，科技项目与经费、人员调配与职位晋升以及奖励均由政府计划进行，造成对社会奖励的遏制（尚智丛等，2009）。社会力量设奖具有强大的优势：填补行业科技奖励空白、奖励对象广泛、奖金强度大、帮助政府减少奖金开支等。进入 21 世纪后，我国政府对社会力量设奖逐步重视，社会力量设奖局面逐渐打开。截至 2019 年 2 月，在国家科学技术奖励工作办公室登记在册的社会科技奖励共 298 项。该名录是由设奖人根据《国家科学技术奖励条例》及《关于进一步鼓励和规范社会力量设立科学技术奖的指导意见》（国科发奖〔2017〕196 号）自发设立的，无行政级别。承办机构是社会科技奖励的责任主体。

就科普奖而言，英美科普奖项的承办机构极少有政府部门或官方机构，绝大多数是民间性质的学术共同体、科教组织或慈善基金会等。中国也逐步重视加大对科普工作领域先进集体和先进个人的表彰和奖励力度。2007 年，国务院颁布的《关于加强国家科普能力建设的若干意见》第三部分"加强国家科普能力建设的保障措施"中，再次明确提出："完善科普奖励政策，逐步将科普图书、科普影视、科普动漫和科普展教具等科普作品纳入国家科技奖励范围，鼓励社会力量设立多种形式的科普奖，加大对科普工作先进集体和先进个人的表彰和奖励力度。"近年来，随着我国科普事业的快速增长，越来越重视加强科技奖励制度中科普奖项的发展。因此,老科技工作者科普奖和科普作品奖作为专门面向全国老科技工作者的科普奖项,受众范围较小,可采取社会力量设奖的方式,由中国老科学技术工作者协会主办。

## 二、奖励范围与对象

### (一)老科技工作者科普奖

在奖励对象是项目还是个人这个问题上,目前世界上很多科技发达国家依据个体科技工作者所在领域的贡献和影响,将奖项尽量授予个人。中国现阶段政府级科技奖励大多还是授予科技项目。据统计,中国项目奖励的比例超过获奖总数的90%。比如国家级奖励中,只有国家最高科技奖(该奖每年不超过2人获奖)以及国际科技合作奖(该奖每年不超过10人获奖)授予个人,数量非常少;奖励对象针对项目的却很多,像自然科学奖、科技进步奖、技术发明奖均是奖励项目的。每一项目获奖人数都是数人甚至超过10人。相比较政府级,社会力量的奖励对象更注重针对个体科技工作者。为了解广大科技工作者对于奖励对象的看法,中国科技奖励办公室在2004年开展了问卷调查,调查对象涉及全国各部门的几乎所有专业。根据统计结果,赞成国家设立科技人物奖的居绝大多数,比例为92.6%(刘宁,2010)。由此可以看出,广大科技工作者在考虑奖励对象时也是倾向于奖励个人。随着计划经济的退出和市场经济的繁盛,公平竞争观念深入人心,个人价值被重视。人们逐步关注科技奖励荣誉对于个人的分配。科技研究工作者希望被社会所承认和肯定。毕竟奖励对象是项目时受奖人员较多,容易造成一些排名不公、搭顺风车等现象，不仅会降低个体科技工作者的荣誉感，而且对真正做出贡献的人可能失去应有的激励效果（吴昕芸等，2014）。

随着我国人口老龄化程度逐渐加快，老科技工作者服务社会的作用也日益凸显。老科技工作者作为科技队伍的主要社会力量，比起其他年龄阶段更希望得到公众认可与尊敬（何钰铮，2011；莫扬等，2017）。针对老科技工作者队伍中的人才，要从感情上凝聚，从待遇上关心。对于默默无闻、勤勤恳恳工作的老同志给予精神奖励和物质奖励，采取双向激励机制（范名金，2018）。因此，老科技工作者科普奖顾名思义，是针对特定人群设置的奖项。重点奖励在我国长期从事科普教育、科普宣传、科普管理或其他科普公益项目，尤其在提高公民科学素养或在科研项目科普化及推广应用等方面做出突出贡献、具有广泛影响力、产生重大社会或经济效益，并具有典型、代表性科普项目成果的老科技工作者个人或组织。明确奖励的对象是人，不仅可以彰显老科技工作者的角色与贡献，还可以加强获奖者的荣誉感。

（二）老科技工作者科普作品奖

为了进一步促进产学研合作及科普成果转化，加之老科技工作者普遍拥有多年的研究经验，在科普成果累积方面有先天优势，设立针对老科技工作者的科普作品奖是十分有必要的。因此，老科技工作者科普作品奖旨在授予由老科技工作者个人或组织创作的为弘扬科学精神、传播科学思想、普及科学知识、倡导科学方法做出突出贡献的优秀科普作品。作品形式含科普图书、科普影视作品、科普音像制品以及科普文艺作品（科普剧目、科普广播剧等）。

## 三、奖项设置与名额

新发明新创造并不只有科技工作者才能做出，普通人在生活中也经常会有好的创意。不过若只有创意，缺乏相关的科技理论知识，改变世界的创意可能就无法成为现实。如果对普通人都进行科学技术的普及，中国创造发明的数量可能会大幅提升。因此，为了让大众接受科普并了解科普传播的重要性，可以按行业领域划分，设立面向不同行业和领域的老科技工作者科普奖，同时这样可以照顾到更多为科普事业做贡献的老科技工作者。但从国家奖励办公室的调研情况来看，单独设奖有一定难度，因此，可单独设奖和归在现有奖项下这两种模式。若将归在现有奖项下，则运行机制和激励机制遵循现有奖项，本书不再赘述。

### （一）老科技工作者科普奖

按单独设奖模式，老科技工作者科普奖可包括科普杰出人物奖、科普突出贡献奖、优秀科普志愿者奖、专项科普优秀奖四个奖项。其中专项科普优秀奖按照中国基本人才分类法，细化为企业经营管理类、专业技术类、高技能类、农村实用类以及社会工作类。具体等级设置和名额分配如下表所示：

表 4-2　老科技工作者科普奖奖项设置

| 奖项名称 | 等级设置 | 名额分配 |
| --- | --- | --- |
| 老科技工作者科普杰出人物奖 | 一等奖、二等奖 | 一等奖 1 名，二等奖 3 名 |
| 老科技工作者科普突出贡献奖 | 一等奖、二等奖 | 一等奖 1 名，二等奖 3 名 |
| 老科技工作者优秀科普志愿者奖 | 一等奖、二等奖 | 一等奖 1 名，二等奖 3 名 |

续表

| 奖项名称 | | 等级设置 | 名额分配 |
|---|---|---|---|
| 老科技工作者专项科普优秀奖 | 企业经营管理类 | — | 每类2名 |
| | 专业技术类 | | |
| | 高技能类 | | |
| | 农村实用类 | | |
| | 社会工作类 | | |

另一种奖项设置模式是将老科技工作者科普奖设在老科协奖下，同中国老科协奖、突出贡献奖、先进集体奖并列，设置10名，没有等级。

（二）老科技工作者科普作品奖

依据大多数社会力量设立的科普作品奖的奖项设置，单独设奖模式下可将老科技工作者科普作品奖设置等级，为一等奖、二等奖和三等奖。其中一等奖1项，二等奖5项，三等奖10项。设在老科协奖下则不设置等级，评选20项。

## 四、评选周期

奖励周期是指奖项开展奖励活动所隔的年份。社会力量奖励一般都会在其奖励细则中明确规定该奖的奖励周期，但中国现行的社会力量奖励的奖励周期差异较大，短则一年，长则两三年还有少数奖项要视奖项活动资金的充足情况而定。当前国家科学技术奖励工作办公室所记录社会力量奖项298项（数据更新到2019年2月），评选周期大致有三类：①一年，有172项；②两年，有103项；

③其他（包括一年两次、三年一次和不定期），有23项（图4-1）。评选周期的长短可以反映奖项资金的充足情况，在奖励力度相同的情况下，评选周期越短的资金越充裕，反之则比较紧张。以上的数据表明，我国非政府奖励的奖励周期是比较长的，主要是因为这些奖项的资金来源渠道比较狭窄。

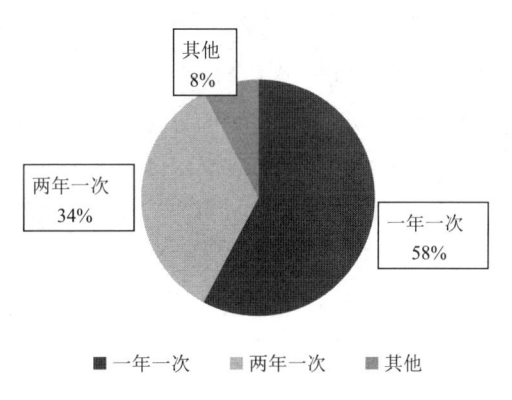

图 4-1　中国社会力量奖励评选周期占比

根据《社会力量科学技术奖管理办法》中提到的"社会力量设立的科学技术奖应当按照一定的周期连续进行相关授奖活动，奖励周期的间隔最长不得超过三年"，再加上对奖励资金来源的考虑，老科技工作者科普奖和科普作品奖暂定每两年评选一次。

## 第三节　老科技工作者科普奖和科普作品奖运行机制

中国政府和社会设奖的评审规则有较大差异。政府奖遵循的是"逐级上报推荐"的原则，申报与推荐相结合。申报国家奖的单位或个人必须是在获得部门奖励的基础上进行推荐。例如,"中华人民共和国国际科技合作奖"的评审实行三级评审制度,即预选、评审和审定。由国家科学技术奖励工作办公室对推荐候选者的材料进行形式审查后,将通过审查的推荐材料寄送给各位评审委员进行通讯评审。超过半数的候选人,提交国际科学技术合作奖评审委员会,以记名投票的方式进行评选,超过 2/3 票数的为获奖者。最终结果报科技部审核,经国务院批准后由国务院颁发获奖证书。中国社会力量奖项采用二级式推荐、评审和奖励的方式。值得一提的是,无论是政府奖还是社会力量奖,评审专家的组成主要以国内专家为主,鲜有国际专家参与(肖利等,2016)。

## 一、评选标准

(一)老科技工作者科普奖

1. 老科技工作者科普杰出人物奖评选标准:

(1)参加评选的人员须为老科技工作者(主要指具有中级以上(含中级)技术职称,达到退(离)休或接近退休年龄的科技工作者,尤其是在科学研究、技术发明、文教卫生、规划管理等领域做出卓著贡献的专家、学者、领导干部和知名人士);

(2)在科普领域基础理论研究方面,提出了具有重要创新性的新思想、新概念、新原理、新技术、新方法。并具备下列条件:①前人尚未发现或者尚未阐明;②具有较大科学价值;③得到国内外自然科学界公认;

(3)在科普教育方面,为提升市民和青少年创新意识、实践能力,培养科技人才,成效特别显著(如有典型、代表性成果)。

2. 老科技工作者科普突出贡献奖评选标准：

（1）参加评选的人员或组织须为老科技工作者（主要指具有中级以上（含中级）技术职称，达到退（离）休或接近退休年龄的科技工作者，尤其是在科学研究、技术发明、文教卫生、规划管理等领域做出卓著贡献的专家、学者、领导干部和知名人士）或与老科技工作者相关的群体；

（2）为弘扬科学精神，传播科学思想，普及科学知识，倡导科学方法做出突出贡献的个人或组织；

（3）在科普管理方面，组织实施重大科普项目，经过实践检验，创造显著社会效益。

3. 老科技工作者优秀科普志愿者奖评选标准：

（1）参加评选的人员或组织须为老科技工作者（主要指具有中级以上（含中级）技术职称，达到退（离）休或接近退休年龄的科技工作者，尤其是在科学研究、技术发明、文教卫生、规划管理等领域做出卓著贡献的专家、学者、领导干部和知名人士）或与老科技工作者相关的群体；

（2）长期从事科普志愿者工作，累计参与科普志愿服务三年（含三年）以上的个人；长期组织科普志愿者工作，志愿者队伍相对稳定，注册志愿者人数不少于100人的科学传播志愿团队；

（3）科普志愿服务成效显著，在普及科学知识、传播科学思想、弘扬科学精神和倡导科学方法等方面做出突出贡献。

4. 老科技工作者专项科普优秀奖评选标准：

（1）参加评选的人员或组织须为老科技工作者（主要指具有中级以上（含中级）技术职称，达到退（离）休或接近退休年龄的科技工作者，尤其是在科学研究、技术发明、文教卫生、规划管理等领域做出卓著贡献的专家、学者、领导干部和知名人士）或与老科技工作者相关的群体；

（2）长期从事某项工作（可归属为企业经营管理类、专业技术类、高技能类、农村实用类以及社会工作类中的一类），并为这个领域的科普工作做出显著贡献；

（3）所做工作有一定原创性，并产生了一定的社会效益。

（二）老科技工作者科普作品奖

（1）参加评选作品的主要人员或组织须为老科技工作者（主要指具有中级以上（含中级）技术职称，达到退（离）休或接近退休年龄的科技工作者，尤其是在科学研究、技术发明、文教卫生、规划管理等领域做出卓著贡献的专家、学者、领导干部和知名人士）或与老科技工作者相关的群体；

（2）科普图书（著作、译著、编著）：公开出版发行的科普图书，包括著作、编选作品、翻译图书、编译图书、画册等。套书、丛书均可参加评选。套书（即若干本为一套，并形成系列）以一套为单位，须全部完成出版后方可参评；丛书（或称文库，即每个选题为一种，各自独立成本的书）可以以本为单位。科普图书要求选题准确，通俗易懂，形式活泼，传播面广，易于公众接受，具有较强的思想性、科学性、实用性、知识性、趣味性等，有较高的出版量；

（3）科普影视作品、科普音像制品、科普文艺作品（科普剧目、科普广播剧等）：在广播电台、电视台、科技馆及其他公共场所公开放映，在剧院或舞台表演的原创科普作品等。要求主题鲜明、思想健康、内容科学，具有较好的科学普及和教育功能，收视率和观看率比较高。

## 二、评审机构

奖励办公室负责形式审查,奖励办成员主要由主办方的工作人员构成。同时,成立老科技工作者科普奖和科普作品奖评审工作委员会专门负责评审工作,评审工作委员会由科普领域具有高尚道德情操、工作经验丰富的著名专家、学者和管理人员共 10 人组成。评审工作委员会设主任、副主任和委员等,主任由主办方负责人担任。评审工作委员会实行聘任制,每届任期两年。

老科技工作者科普奖和科普作品奖评审实行回避制度,凡被推荐申报奖项的参选人,不得作为评审工作委员会委员参加当年的评审工作。

## 三、评审程序

老科技工作者科普奖和科普作品奖的评审流程分为推荐、形式审查与受理、报批及颁奖四个步骤。

### (一)推荐方式

科技奖励的推荐机制是为了保证国家科技奖励的公平、公正性,同时加强了机制实施的公开性和透明度,是相互联系、相互作用的一种内在的推荐表现形式。科技奖励制度的推荐机制在《国家科学技术奖励条例》中做出了原则性的规定,特别是在第十五条对国家科技奖励候选人的推荐主体进行了列述。《国家科学技术奖励条例实施细则》对国家科技奖励的推荐主体又进行了补充说明,这在很大程度上规范了我国科技奖励推荐机制的操作流程。

目前中国科技奖励推荐主体包括个人推荐和单位推荐两类,主要包括：省、自治区、直辖市政府；国务院有关组成部门、直属机构；中国人民解放军各总部；经国务院科学技术行政部门认定的符合国务院科学技术行政部门规定的资格条件的其他单位和科学技术专家。由此可以看出，科技奖励推荐主体虽然涵盖范围较广，其中涵盖了单位推荐和个人推荐，但是主要还是采取了政府推荐为主。各省、自治区、直辖市、特别行政区及中共中央直属单位、国务院各部委、直属机构等所占的比重较大。专家推荐及社会推荐机制所占的比重较小，仍然没有广泛开展。推荐主体带有明显的行政级别色彩，不利于个人推荐和社会推荐的候选人得到进一步的评审资格（刘宁，2010）。

老科技工作者科普奖和科普作品奖实行第三方限额推荐制度。由各省、市、自治区科协负责初评，并根据当年下达的限额范围内向评审工作委员会推荐候选人和候选作品。推荐单位推荐科普奖的候选人、候选作品，应当征得候选人和作品持有者的同意，并填写统一格式的推荐书，提供必要的证明或评价材料。推荐书及相关材料必须完整、真实、可靠。已获得同级或同级以上奖励的，不得推荐。凡在知识产权以及有关完成人和完成单位等方面存在争议，且争议未解决前不得推荐。经评定未被授奖的候选人、候选作品，如果其完成的项目或者工作和该作品在此后的研究开发活动中取得新的实质性进展，并符合奖励办法及本细则的规定，可以重新推荐。被评定为缓评的项目，如果解决了缓评原因中的问题，可按规定重新推荐。

（二）形式审查与受理

**1. 形式审查**

需要的报送材料有：

（1）推荐单位的评审工作报告一份，内容包括：推荐程序、评审情况和专家组名单等；

（2）推荐单位信息表；

（3）候选人成果材料或候选作品材料。

奖励办公室负责对推荐材料进行形式审查，对不符合规定的推荐材料，可以要求推荐单位在规定的时间内补正，逾期不补正，或经补正后仍不符合要求的，可以不提交评审并退回材料。推荐单位如申请复核，应以公函形式提出正式申请，说明申请复核的内容、理由等，并以附件形式提供相关补正材料。

**2. 初评**

要保证奖励的公平公正和奖励制度的顺利运行必须有一套合理的、操作性强的奖励评审指标体系。可以在总结已有经验的基础上，充分将定性评价与定量评价结合起来，根据各类成果及学科发展特点，逐步完善各类成果的评级指标体系，制定出一套规范且切实可行的奖励等级的综合评价指标体系，使之能更客观、全面地反映出成果的特征。这将有助于控制影响因素，更好地反映成果的客观水平（常小娟，2013）。

为了给每个候选人和候选作品提供公平竞争的机会，必须加强奖励的公正性和严肃性。科技评审过程应建立起完全保密和避免透漏信息制度。评审委员会应避免向老科技工作者透露委员信息，也要拒绝向评审团提到候选人的信息，不能有语言或行为上的导向性暗示。评审过程应完全采取封闭措施。

对形式审查合格的推荐材料，由奖励办公室提交评审工作委员会进行初评。初评通过网络评审采取定量和定性评价相结合的方式进行。奖励办公室负责制订定量评价指标体系（表 4-3、表 4-4、表 4-5、表 4-6、表 4-7）。评审结果采用百分制计分，根据分数对老科技工作者科普奖和科普作品奖相应奖项的候选人和作品进行排序，在限额内的进入终评。

表 4-3 老科技工作者科普杰出人物奖评审表

| 序号 | 评价指标 | 分数（每项满分 10 分） |
|---|---|---|
| 1 | 舆论导向评价 | |
| 2 | 个人品德评价 | |
| 3 | 创新性评价 | |
| 4 | 科学价值评价 | |
| 5 | 学界引领作用评价 | |
| 6 | 社会影响力评价 | |
| 7 | 社会效益评价 | |
| 8 | 工作质量评价 | |
| 9 | 技术难度评价 | |
| 10 | 代表性成果评价 | |
| 总分 | | |
| 总评 | | |

表 4-4　老科技工作者科普突出贡献奖评审表

| 序号 | 评价指标 | 分数（每项满分 10 分） |
|---|---|---|
| 1 | 舆论导向评价 | |
| 2 | 个人品德/组织声誉评价 | |
| 3 | 科普范围评价 | |
| 4 | 学界影响力评价 | |
| 5 | 社会影响力评价 | |
| 6 | 社会效益评价 | |
| 7 | 管理和组织能力评价 | |
| 8 | 工作质量评价 | |
| 9 | 技术难度评价 | |
| 10 | 代表性成果评价 | |
| 总分 | | |
| 总评 | | |

表 4-5　老科技工作者优秀科普志愿者奖评审表

| 序号 | 评价指标 | 分数（每项满分 10 分） |
|---|---|---|
| 1 | 舆论导向评价 | |
| 2 | 个人品德/组织声誉评价 | |
| 3 | 服务范围评价 | |
| 4 | 服务时长评价 | |
| 5 | 组织能力评价 | |
| 6 | 服务成效评价 | |
| 7 | 服务内容质量评价 | |
| 8 | 服务难度评价 | |
| 9 | 社会效益评价 | |

续表

| 序号 | 评价指标 | 分数（每项满分 10 分） |
|---|---|---|
| 10 | 代表性成果评价 |  |
| 总分 |  |  |
| 总评 |  |  |

表 4–6　老科技工作者专项科普优秀奖评审表

| 序号 | 评价指标 | 分数（每项满分 10 分） |
|---|---|---|
| 1 | 舆论导向评价 |  |
| 2 | 个人品德/组织声誉评价 |  |
| 3 | 创新性评价 |  |
| 4 | 科学价值评价 |  |
| 5 | 专项影响力评价 |  |
| 6 | 社会效益评价 |  |
| 7 | 社会影响力评价 |  |
| 8 | 专项技能评价 |  |
| 9 | 工作质量评价 |  |
| 10 | 代表性成果评价 |  |
| 总分 |  |  |
| 总评 |  |  |

表 4–7　老科技工作者科普作品奖评审表

| 序号 | 评价指标 | 分数（每项满分 10 分） |
|---|---|---|
| 1 | 舆论导向评价 |  |
| 2 | 创新性评价 |  |

续表

| 序号 | 评价指标 | 分数（每项满分 10 分） |
|---|---|---|
| 3 | 选题角度评价 | |
| 4 | 创作难度评价 | |
| 5 | 创作可读性评价 | |
| 6 | 作品趣味性评价 | |
| 7 | 社会效益评价 | |
| 8 | 普及程度评价 | |
| 9 | 示范带动作用评价 | |
| 10 | 出版量/收视率评价 | |
| 总分 | | |
| 总评 | | |

**3. 终评**

终评采用会议方式进行评审，以记名投票表决产生评审结果。其中一等奖应当由全部委员的 2/3 以上（含 2/3）通过，二等奖和三等奖（或不设等级的奖项）应当由全部委员的 1/2 以上（不含 1/2）通过。

（三）报批

获奖人和获奖作品名单经中国老科协常务理事会审议通过，确定获奖名单，并向社会进行公示。

（四）颁奖

老科技工作者科普奖和科普作品奖由中国老科学技术工作者协

会颁发证书和奖金。

**四、异议处理**

老科技工作者科普奖和科普作品奖接受社会的监督。评审工作实行异议制度。公示期内，任何单位或个人对公示获奖人和获奖作品科普工作的创新性、先进性、实用性及推荐材料的真实性以及所涉项目的主要完成人、完成单位及排序有异议，可以在公示之日起60日内以书面方式提出，并提供必要的证明文件。个人提出异议的必须表明真实身份；单位提出异议的应加盖公章。为便于异议处理，请务必提供联系方式，否则不予受理。超出期限的异议不予受理。奖励办公室在接到异议材料后应当进行审查，对符合规定并能提供充分证据的异议，应予受理。为维护异议者的合法权益，奖励办公室、推荐单位及其工作人员和推荐人，以及其他参与异议调查处理的有关人员应当对异议者的身份予以保密；确实需要公开的，应当事前征求异议者的意见。

## 第四节　老科技工作者科普奖和科普作品奖激励机制

**一、表彰形式**

就奖励形式而言，科技奖励一般可以分为物质奖励（包括奖金、科研扶持以及提高福利待遇等）与精神奖励（包括授予证书奖状、荣誉称号以及头衔等）。科技奖励的奖金额度及奖项荣誉度越高获奖者的满足感越强，媒体的关注度也越高，自然对老科技工作者的激励作用越大（刘宁，2010）。在实际操作中，多数国家通常会将二者结合，只是在比例上有所侧重。发达国家政府在设立科技奖励时多会更为注重精神方面的奖励。法国政府设置的科技奖励一个突出特点就是纯精神奖励多。美国也是如此，其政府对科技界给予的最高奖励——美国国家科学奖和美国国家技术创新奖是纯精神奖励，没有奖金，仅授予荣誉。不过，这些国家在社会力量设立科技奖项时会更注重物质奖励，比如美国非政府机构设立的"德瑞珀奖"，每年评选一次，奖金为50万美元。

科技人员的研究活动除了对资金、环境等外部物质条件的需求外，更重要的是对取得成绩、有所作为、被社会肯定的精神需求。根据麦克利兰的"高成就需要理论"可知，具有高成就需求的人重成就而轻物质。他们的积极性较少受到物质因素的影响，而主要取决于高层次的精神需求的满足。作为科技奖励机制一个层面的精神奖励，不仅肯定获奖者在科技领域活动中取得的成就，还引导全社会对为人类知识增长、物质文明和精神文明建设做出贡献的科技人员的崇敬与尊重。精神奖励所占的社会空间较大，它向全社会发出一种褒奖信息。因此，精神奖励的社会影响力相对持久，这大大地满足了科技人员的高成就需求。但同时也必须看到，精神奖励的社会影响持久性是建立在获奖者的生存物质满足或基本满足的前提下的。从某种意义上讲，物质奖励是精神奖励的载体，是强化精神奖励的。正如恩格斯所说："物质不是精神的产物，而精神却只是物质的最高产物。"作为科技奖励另一个层面的物质奖励也是不可或缺的。因此，正确运用科技奖励机制引导科技人员追求高层次的需求，激发他们的荣誉感和成就感，并给予必要的物质奖励，使精神奖励与物质奖励有机地结合，才能更好地发挥科技奖励机制推动科技人员不断创新、开拓进取的作用（朱学杰，2008）。

与以上这些国家相比，中国科技水平相对较弱。为显示对科技和人才的重视，仅依靠精神层面的奖励，没有一定的物质奖励做支撑，很难形成吸引整个社会重视科技的风气。所以同科技发达国家相比，中国政府颁发的科技奖励，力度通常要大于科技强国的政府级奖项，比如中国的国家最高科学技术奖，奖金为 500 万元人民币，远超我国人均国内生产总值。其他科技发达国家鲜有对国内设置如此高额度的政府级奖项。但社会力量则相反，虽基本以物质奖励为主，但差别很大，大多奖励额度不高，没有形成类似国外社会力量设立相当规模巨额科技奖的局面。但是高额的物质奖励也会引发一些问题，例如科研成果过度拼凑包装、科研人员科研趋利性心理加重、新科技产品有毒害等。有些问题不仅会损害奖项的声誉，而且会对社会造成危害（吴昕芸等，2014）。由于中国在科技奖励制度上的实践性不强，由以前单纯的精神奖励误区走入了过分强调物质奖励这一误区，使得科技奖励失去了它原有的含义，把金钱数目作为衡量贡献的标准，违背了科技奖励是对具有突出贡献的老科技工作者给予社会承认和荣誉这一重要目的，可见科技奖励仅仅依靠单一的精神奖励或者单一的物质奖励都是不合理的（刘宁，2010）。

美国社会学家杰里·加斯顿曾提出，"虽然科学家确实需要物质来维系生命，但就奖励系统的运转方式来说，科学界与经济界是不同的"。在良性运转的科学界奖励系统中，科技工作者不仅在科学活动中投入圣徒般的热情，而且在其中获得智力的享受和乐趣。对这样的人来说，物质奖励能提供的自我满足与激励程度远不如精神奖励。对旁观者来说，获奖科技工作者所得的尊重与敬佩，通常来源于其突出的学术水平，而不是其所得奖金的额度。随着社会文明程度逐步提高,广大科技工作者对精神奖励的需求也会日益强烈。在这样的背景下,重视精神奖励,不仅可以引导老科技工作者降低趋利心理,还可以净化科普氛围,减少无贡献者侵害知识产权、伪造数据等各种学术不端现象(吴昕芸等,2014)。基于上述情况,老科技工作者科普奖和科普作品奖应以精神奖励为主,物质奖励为辅。

(一)精神奖励

重视颁奖活动,以充分体现科技奖励的权威性和荣誉性。科技奖励本身是对科技人员极大的认可和鼓励。举行颁奖仪式更会对获奖人起到巨大的激励作用,调动其科学技术研究的积极性。诺贝尔奖每年的颁奖仪式都十分隆重,能吸引到全球的目光。颁奖仪式分别在瑞典的斯德哥尔摩和挪威的奥斯陆同时举行。挪威国王和皇室成员都会出席颁奖仪式。在国王颁奖过后还会有盛大的宴会款待来宾,一切都有一套严格的程序。目前中国的社会力量设奖也充分注意到了这一点,大多都会举行盛大的颁奖仪式,邀请相关领导或著名科学家等前来颁奖,或者举行一些相关的主题活动及学术交流活动,大力加强了对社会力量设奖的宣传,提高了社会各界对社会力量设奖的了解和认可程度。

美国和印度非常重视颁奖活动。美国以总统名义设立的科技奖,虽不集中颁奖,但对每一奖项颁发时,美国总统都要莅临颁奖现场并作重要讲话。印度领导人对颁奖非常重视,授奖仪式选择在国家重大活动期间,如印度科普奖选在2月3日国家科技日上颁发,总理出席并颁奖。中国国家科技奖励以及省级科技奖励的颁奖活动基本上是集中进行。特别是1999年国家科技奖励制度改革后,国家主席亲自为最高科学技术奖获奖者颁奖,体现了国家科技奖励高度的严肃性和权威性，产生了巨大的激励作用。这一点是美国和印度所不能比拟的（朱学杰，2008）。如此看来科技奖励制度要发挥更好的效果，不但奖励制度需要完善，而且还需要做好宣传作用，这样一来更能提高科技领域在社会发展中的地位。荣誉激励作为一种重要的精神激励方式，能够通过满足个体尊重、自我实现等高层次需求激发个体的主动性和积极性。同时，荣誉激励也是帮助个人实现自我价值和获得社会尊重的重要途径，是个人自我形象塑造的重要组成部分，是个人道德价值在社会群体中的彰显（银丽萍等，2021）。

在中国老科学技术工作者协会官网公布获奖名单，并在微信公众号和杂志等媒体上进行扩大宣传，同时还开展表彰报告会，邀请在科普领域造诣顶尖的专家，向所有获奖者颁发荣誉奖章。通过提高奖项的荣誉度来鼓励科研工作者进行科学研究，从其他国家的长远发展来看，其激励作用的正面效益大于一时的物质奖励，有利于中国科技的长远发展。

（二）物质奖励

老科技工作者科普先进个人奖：一等奖奖金2万元，二等奖每位奖金1万元；

老科技工作者科普突出贡献奖：一等奖奖金2万元，二等奖每位奖金1万元；

老科技工作者优秀科普志愿者奖：一等奖奖金2万元，二等奖每位奖金1万元；

老科技工作者专项科普优秀奖：每位奖金1万元；

老科技工作者科普作品奖：一等奖奖金2万元，二等奖每位奖金1万元，三等奖每位奖金0.6万元。

## 二、资金来源

设立专门的奖励基金会筹集资金,根据《社会力量科学技术奖管理办法》中提到的"资金来源必须合法,不得利用国家财政性经费或者银行贷款",研究主要由社会捐赠及自筹资金构成,同时可寻求大平台(例如微博、今日头条等)合作,争取更多资金和宣传。

## 第五节 小结

本章从设置模式、运行机制及激励机制对老科技工作者科普奖和科普作品奖的设立进行研究论述。其中具体设立方法如下:

一是设置模式。设置模式涵盖设奖主体与承办机构、奖励范围与对象、奖项设置及评选周期等内容。就设奖主体与承办机构来说,老科技工作者科普奖和科普作品奖作为专门面向全国老科技工作者的科普奖项,受众范围较小,可采取社会力量设奖的方式,由中国老科学技术工作者协会主办。就奖励范围与对象来说,老科技工作者科普奖重点奖励在中国长期从事科普教育、科普宣传、科普管理或其他科普公益的项目,尤其在提高公民科学素养或在科研项目科普化及推广应用等方面做出突出贡献,具有广泛影响力,产生重大社会或经济效益,并具有典型、代表性科普项目成果的老科技工作者个人或组织。老科技工作者科普作品奖旨在授予由老科技工作者个人或组织创作的为弘扬科学精神、传播科学思想、普及科学知识、倡导科学方法做出突出贡献的优秀科普作品。从奖项设置来说可单独设奖,老科技工作者科普奖可包括科普杰出人物奖、科普突出贡献奖、优秀科普志愿者奖、专项科普优秀奖四个奖项。同时科普作品奖可只设置等级。从评选周期来说，老科技工作者科普奖和科普作品奖暂定每两年评选一次。

二是运行机制。运行机制涵盖评选标准、评审机构、评审程序及异议处理等方面。就评选标准来说，参与评奖的人员或组织必须是老科技工作者，同时需要有一定的原创性和社会效益。就评审机构来说，奖励办公室负责形式审查，成立老科技工作者科普奖和科普作品奖评审工作委员会专门负责评审工作。评审工作委员会由科普领域具有高尚道德情操、工作经验丰富的著名专家、学者和管理人员共10人组成。就评审程序来说，评审流程为推荐、形式审查与受理、报批及颁奖。同时老科技工作者科普奖和科普作品奖实行第三方限额推荐制度。除此之外，老科技工作者科普奖和科普作品奖接受社会的监督。评审工作实行异议制度。公示期内，任何单位或个人对公示获奖人和获奖作品科普工作的创新性、先进性、实用性及推荐材料的真实性以及所涉项目的主要完成人、完成单位及排序有异议，可以在公示之日起60日内以书面方式提出，并提供必要的证明文件。

三是激励机制。激励机制涵盖表彰形式和资金来源两方面内容。就表彰形式来说，一方面可在中国老科学技术工作者协会官网公布获奖名单，并在微信公众号和杂志等媒体上进行扩大宣传，并开展表彰报告会，邀请在科普领域造诣顶尖的专家，向所有获奖者颁发荣誉奖章；另一方面对获奖者进行物质奖励0.6~2万元不等。就资金来源来说，设立专门的奖励基金会筹集资金，根据《社会力量科学技术奖管理办法》中提到的"资金来源必须合法，不得利用国家财政性经费或者银行贷款"，资金主要由社会捐赠及自筹资金构成，同时可寻求大平台（例如微博、今日头条等）合作，争取更多的资金和宣传。

# 参考文献

艾银生:"退休不是事业的终结 而是事业的延伸与发展——国外开发对老科技人才资源给我们的启示",《今日科苑》,2011年第7期。

常小娟:"我国现行科技奖励制度研究"(硕士论文),河南大学,2013年。

党伟龙、刘萱:"英美科学传播奖项述评",《科普研究》,2012a年第4期。

党伟龙、刘萱:"英美科普奖项对我国的启示",《科技导报》,2012b年第6期。

范名金:"充分发挥老科技工作者作用的思考",《今日科苑》,2018年第4期。

居云峰:《国外科技传播综述》,科学普及出版社,2007年。

李慷、邓大胜:"支持老科技工作者服务科技强国建设——基于全国老科技工作者状况调查",《今日科苑》,2019年第6期。

李寿钊、李朝灿:"新时期老科协组织创新发展思路与对策研究",《学会》,2014第9期。

李叶、马俊锋、高宏斌:"我国科普图书评奖活动存在的问题及其对策",《出版发行研究》,2019年第2期。

刘宁:"我国科技奖励制度完善的对策研究"(硕士论文),东北大学,2010年。

尚智丛、杨辉:"中国科协与美国科促会的科技奖励比较",《自然辩证法研究》,2009年第5期。

王志芳:"英美与我国科普图书奖之比较",科普惠民 责任与担当——中国科普理论与实践探索——第二十届全国科普理论研讨会论文集,2013年。

吴恺："我国现代科技奖励制度的分类及特点"，《河北广播电视大学学报》，2012 年第 3 期。

吴昕芸、吴效刚、吴琴："我国科技奖励设奖与科技发达国家的比较"，《科技管理研究》，2014 年第 21 期。

吴昕芸："新中国成立以来我国科技奖励制度演变研究"（硕士论文），南京信息工程大学，2015 年。

肖利、汪飚翔、耿雁："中国科技奖励体系的缺欠——基于中美国际科技奖的比较研究"，《科学学研究》，2016 年第 5 期。

颜瑶："改革开放以来中国国家科技奖励制度研究"（硕士论文），江西农业大学，2018 年。

杨娟："中英美澳科学传播政策内容及其实施的国际比较研究"（博士论文），西南大学，2014 年。

杨琴琴："英美科普图书奖项述评"，《科普研究》，2014 年第 1 期。

姚昆仑："国外科普奖励一瞥"，《中国科技奖励》，2005 年第 2 期。

姚昆仑："中国科学技术奖励制度研究"（博士论文），合肥：中国科学技术大学，2007 年。

银丽萍、张向前："面向 2035 年我国青年科技人才荣誉激励研究"，《经营与管理》，2021 年第 3 期。

喻思娈、冯华："科普作品凭什么拿科技大奖"，《发明与创新（大科技）》，2017 年第 3 期。

张红云："云南'十五'农村科普工作成效显著"，《农村实用技术》，2006 年第 5 期。

赵东平、高宏斌、赵立新："中国科普人才发展存在的问题与对策"，《科技导报》，2020 年第 5 期。

赵小平、刘淑青："中美社会力量设奖法律制度比较研究"，《科技与法律》，2011 年第 1 期。

中华人民共和国科学技术部：《中国科普统计》，科学技术文献出版社，2019 年。

# 附录1  2018年全国科普统计分类数据

各项统计数据均未包括香港特别行政区、澳门特别行政区和台湾地区的数据。科普宣传专用车、科普图书、科普期刊、科普网站、科普国际交流情况和创新创业中的科普情况均由市级以上（含市级）填报单位的数据统计得出。非场馆类科普基地，因为理解差异，此次暂未列入。

东部、中部和西部地区的划分：东部地区包括北京、天津、河北、辽宁、上海、江苏、浙江、福建、山东、广东和海南11个省份；中部地区包括山西、吉林、黑龙江、安徽、江西、河南、湖北和湖南8个省份；西部地区包括内蒙古、广西、重庆、四川、贵州、云南、西藏、陕西、甘肃、青海、宁夏和新疆12个省份。

附表1-1  2018年各省份科普人员           单位：人

| 地区 | 科普专职人员 | 科普兼职人员 | 科普人员总数 |
| --- | --- | --- | --- |
| 全国 | 223 958 | 1 560 912 | 1 784 870 |
| 东部地区 | 89 354 | 711 819 | 801 173 |
| 中部地区 | 64 853 | 375 730 | 440 583 |
| 西部地区 | 69 751 | 473 363 | 543 114 |

续表

| 地区 | 科普专职人员 | 科普兼职人员 | 科普人员总数 |
|---|---|---|---|
| 北京 | 8 490 | 52 829 | 61 319 |
| 天津 | 2 582 | 27 281 | 29 863 |
| 河北 | 15 973 | 77 114 | 93 087 |
| 山西 | 4 792 | 22 184 | 26 976 |
| 内蒙古 | 6 422 | 33 554 | 39 976 |
| 辽宁 | 8 675 | 42 260 | 50 935 |
| 吉林 | 4 606 | 14 918 | 19 524 |
| 黑龙江 | 4 053 | 24 069 | 28 122 |
| 上海 | 8 702 | 48 652 | 57 354 |
| 江苏 | 9 292 | 96 611 | 105 903 |
| 浙江 | 7 813 | 142 316 | 150 129 |
| 安徽 | 9 969 | 55 971 | 65 940 |
| 福建 | 5 120 | 62 015 | 67 135 |
| 江西 | 7 014 | 44 634 | 51 648 |
| 山东 | 12 463 | 91 159 | 103 622 |
| 河南 | 12 356 | 77 041 | 89 397 |
| 湖北 | 10 943 | 70 427 | 81 370 |
| 湖南 | 11 120 | 66 486 | 77 606 |
| 广东 | 8 867 | 65 131 | 73 998 |
| 广西 | 6 075 | 52 939 | 59 014 |
| 海南 | 1 377 | 6 451 | 7 828 |
| 重庆 | 5 241 | 38 238 | 43 479 |
| 四川 | 12 066 | 90 661 | 102 727 |
| 贵州 | 4 718 | 38 160 | 42 878 |
| 云南 | 11 791 | 70 214 | 82 005 |
| 西藏 | 452 | 3 893 | 4 345 |

续表

| 地区 | 科普专职人员 | 科普兼职人员 | 科普人员总数 |
|---|---|---|---|
| 陕西 | 7 722 | 58 037 | 65 759 |
| 甘肃 | 6 502 | 38 614 | 45 116 |
| 青海 | 854 | 10 147 | 11 001 |
| 宁夏 | 2 201 | 11 573 | 13 774 |
| 新疆 | 5 707 | 27 333 | 33 040 |

**附表 1-2　2018 年各省份科普场地　　单位：个**

| 地区 | 科技馆 | 科学技术类博物馆 | 青少年科技馆站 | 农村科普活动场地 |
|---|---|---|---|---|
| 全国 | 518 | 943 | 559 | 252 747 |
| 东部地区 | 262 | 499 | 203 | 105 679 |
| 中部地区 | 129 | 160 | 160 | 76 621 |
| 西部地区 | 127 | 284 | 196 | 70 447 |
| 北京 | 28 | 81 | 12 | 1 682 |
| 天津 | 4 | 9 | 4 | 2 647 |
| 河北 | 17 | 36 | 16 | 11 083 |
| 山西 | 4 | 9 | 13 | 8 545 |
| 内蒙古 | 20 | 22 | 17 | 3 236 |
| 辽宁 | 19 | 46 | 18 | 4 933 |
| 吉林 | 14 | 18 | 16 | 3 091 |
| 黑龙江 | 9 | 25 | 12 | 3 954 |
| 上海 | 31 | 138 | 24 | 1 643 |
| 江苏 | 23 | 41 | 38 | 14 636 |
| 浙江 | 26 | 47 | 42 | 20 610 |
| 安徽 | 19 | 19 | 30 | 8 255 |
| 福建 | 29 | 28 | 11 | 9 509 |

续表

| 地区 | 科技馆 | 科学技术类博物馆 | 青少年科技馆站 | 农村科普活动场地 |
|---|---|---|---|---|
| 江西 | 5 | 13 | 24 | 7 252 |
| 山东 | 29 | 21 | 23 | 29 293 |
| 河南 | 16 | 15 | 19 | 13 850 |
| 湖北 | 49 | 30 | 28 | 18 168 |
| 湖南 | 13 | 31 | 18 | 13 506 |
| 广东 | 37 | 46 | 14 | 8 374 |
| 广西 | 7 | 26 | 17 | 6 870 |
| 海南 | 19 | 6 | 1 | 1 269 |
| 重庆 | 10 | 35 | 17 | 3 456 |
| 四川 | 17 | 51 | 43 | 20 186 |
| 贵州 | 11 | 11 | 5 | 3 052 |
| 云南 | 12 | 41 | 27 | 11 291 |
| 西藏 | 0 | 2 | 1 | 511 |
| 陕西 | 14 | 25 | 19 | 10 419 |
| 甘肃 | 11 | 34 | 16 | 4 871 |
| 青海 | 3 | 6 | 2 | 308 |
| 宁夏 | 6 | 12 | 3 | 2 007 |
| 新疆 | 16 | 19 | 29 | 4 240 |

附表 1-3　2018 年各省份科普经费　　　　单位：万元

| 地区 | 年度科普经费筹集额 | 政府拨款 | 捐赠 | 自筹资金 | 其他收入 |
|---|---|---|---|---|---|
| 全国 | 1 611 380 | 1 260 150 | 7 255 | 261 654 | 83 043 |
| 东部 | 937 637 | 697 213 | 4 020 | 181 698 | 55 427 |
| 中部 | 275 799 | 232 161 | 1 399 | 34 833 | 7 407 |
| 西部 | 397 944 | 330 777 | 1 836 | 45 124 | 20 209 |

续表

| 地区 | 年度科普经费筹集额 | 政府拨款 | 捐赠 | 自筹资金 | 其他收入 |
|---|---|---|---|---|---|
| 北京 | 261 786 | 189 376 | 1 311 | 43 654 | 27 445 |
| 天津 | 22 726 | 15 906 | 32 | 6 135 | 652 |
| 河北 | 50 663 | 36 122 | 146 | 12 983 | 1 412 |
| 山西 | 17 630 | 15 658 | 1 | 1 424 | 546 |
| 内蒙古 | 24 296 | 20 146 | 54 | 2 089 | 2 008 |
| 辽宁 | 27 589 | 19 137 | 131 | 7 114 | 1 207 |
| 吉林 | 18 866 | 17 759 | 59 | 758 | 289 |
| 黑龙江 | 13 041 | 11 949 | 13 | 804 | 274 |
| 上海 | 179 019 | 114 315 | 882 | 58 280 | 5 542 |
| 江苏 | 90 066 | 72 721 | 194 | 12 522 | 4 630 |
| 浙江 | 108 532 | 87 479 | 320 | 13 470 | 7 984 |
| 安徽 | 39 772 | 34 073 | 82 | 4 032 | 1 585 |
| 福建 | 55 343 | 41 680 | 382 | 9 630 | 3 651 |
| 江西 | 31 552 | 25 713 | 385 | 4 555 | 899 |
| 山东 | 38 314 | 33 661 | 62 | 3 718 | 873 |
| 河南 | 33 976 | 26 408 | 214 | 6 595 | 758 |
| 湖北 | 74 590 | 63 839 | 448 | 8 953 | 1 349 |
| 湖南 | 46 373 | 36 760 | 196 | 7 711 | 1 706 |
| 广东 | 92 855 | 77 686 | 558 | 12 856 | 1 754 |
| 广西 | 35 001 | 29 486 | 62 | 3 837 | 1 616 |
| 海南 | 10 743 | 9 129 | 2 | 1 335 | 277 |
| 重庆 | 43 937 | 33 233 | 61 | 7 369 | 3 274 |
| 四川 | 75 920 | 62 722 | 241 | 11 791 | 1 165 |
| 贵州 | 38 820 | 33 129 | 385 | 2 032 | 3 274 |
| 云南 | 60 778 | 49 990 | 229 | 9 020 | 1 539 |
| 西藏 | 6 298 | 5 416 | 241 | 162 | 480 |

续表

| 地区 | 年度科普经费筹集额 | 政府拨款 | 捐赠 | 自筹资金 | 其他收入 |
|---|---|---|---|---|---|
| 陕西 | 40 610 | 33 154 | 343 | 3 844 | 3 269 |
| 甘肃 | 26 570 | 23 193 | 120 | 2 603 | 654 |
| 青海 | 10 164 | 8 673 | 17 | 748 | 726 |
| 宁夏 | 11 830 | 9 729 | 45 | 626 | 1 431 |
| 新疆 | 23 720 | 21 907 | 37 | 1 004 | 773 |

附表 1-4  2018 年各省份科普传媒

| 地区 | 科普图书 出版种数/种 | 科普图书 出版总册数/册 | 科普期刊 出版种数/种 | 科普期刊 出版总册数/册 | 科普网站数/个 | 电视台播出科普节目时间/小时 |
|---|---|---|---|---|---|---|
| 全国 | 11 120 | 86 065 954 | 1 339 | 67 877 371 | 2 688 | 77 979 |
| 东部 | 7 464 | 66 512 461 | 673 | 49 793 898 | 1 321 | 37 280 |
| 中部 | 2 047 | 12 921 152 | 319 | 7 036 455 | 607 | 19 660 |
| 西部 | 1 609 | 6 632 341 | 347 | 11 047 018 | 760 | 21 039 |
| 北京 | 4 400 | 51 365 240 | 211 | 10 361 521 | 286 | 2 468 |
| 天津 | 312 | 927 760 | 34 | 3 007 600 | 73 | 1 290 |
| 河北 | 270 | 435 094 | 28 | 312 600 | 75 | 3 311 |
| 山西 | 36 | 63 000 | 21 | 154 665 | 36 | 4 345 |
| 内蒙古 | 123 | 370 310 | 8 | 84 400 | 61 | 3 060 |
| 辽宁 | 418 | 1 637 322 | 41 | 7 345 638 | 81 | 4 050 |
| 吉林 | 460 | 502 340 | 63 | 163 000 | 66 | 396 |
| 黑龙江 | 248 | 908 711 | 28 | 713 900 | 59 | 1 583 |
| 上海 | 1 131 | 5 545 062 | 121 | 15 781 813 | 213 | 10 928 |
| 江苏 | 396 | 3 788 122 | 98 | 6 940 864 | 130 | 307 |
| 浙江 | 205 | 1 044 154 | 43 | 3 504 660 | 110 | 3 850 |

续表

| 地区 | 科普图书 出版种数/种 | 科普图书 出版总册数/册 | 科普期刊 出版种数/种 | 科普期刊 出版总册数/册 | 科普网站数/个 | 电视台播出科普节目时间/小时 |
|---|---|---|---|---|---|---|
| 安徽 | 84 | 709 700 | 25 | 1 082 700 | 70 | 2 487 |
| 福建 | 110 | 481 525 | 23 | 85 951 | 93 | 1 907 |
| 江西 | 544 | 8 810 360 | 57 | 3 284 030 | 62 | 1 719 |
| 山东 | 47 | 704 650 | 19 | 213 296 | 67 | 3 944 |
| 河南 | 219 | 499 530 | 30 | 188 820 | 117 | 1 846 |
| 湖北 | 217 | 657 211 | 32 | 872 040 | 113 | 3 087 |
| 湖南 | 239 | 770 300 | 63 | 577 300 | 84 | 4 197 |
| 广东 | 131 | 519 032 | 49 | 2 209 755 | 172 | 5 225 |
| 广西 | 190 | 834 890 | 19 | 1 494 520 | 65 | 507 |
| 海南 | 44 | 64 500 | 6 | 30 200 | 21 | 0 |
| 重庆 | 207 | 1 709 270 | 85 | 4 212 550 | 109 | 76 |
| 四川 | 145 | 815 313 | 38 | 2 033 858 | 136 | 4 136 |
| 贵州 | 34 | 203 300 | 19 | 67 130 | 55 | 913 |
| 云南 | 204 | 609 297 | 46 | 793 582 | 88 | 7 041 |
| 西藏 | 75 | 67 750 | 19 | 45 500 | 15 | 335 |
| 陕西 | 233 | 1 005 991 | 43 | 1 607 300 | 99 | 1 601 |
| 甘肃 | 240 | 580 870 | 29 | 160 600 | 70 | 1 485 |
| 青海 | 40 | 73 000 | 12 | 90 201 | 15 | 212 |
| 宁夏 | 38 | 138 000 | 7 | 44 000 | 22 | 0 |
| 新疆 | 80 | 224 350 | 22 | 413 377 | 25 | 1 673 |

附表 1-5  2018 年各省份科普活动

| 地区 | 科普讲座 举办次数/次 | 科普讲座 参加人数/人次 | 科普展览 专题展览次数/次 | 科普展览 参观人数/人次 | 举办实用技术培训 举办次数/次 | 举办实用技术培训 参加人数/人次 | 重大科普活动次数/次 |
|---|---|---|---|---|---|---|---|
| 全国 | 910 069 | 205 507 672 | 116 403 | 255 946 219 | 535 142 | 56 640 327 | 25 661 |
| 东部 | 434 880 | 124 330 299 | 47 281 | 158 618 072 | 135 446 | 17 449 700 | 10 133 |
| 中部 | 213 035 | 33 192 310 | 30 941 | 36 382 771 | 109 317 | 12 802 264 | 6 290 |
| 西部 | 262 154 | 47 985 063 | 38 181 | 60 945 376 | 290 379 | 26 388 363 | 9 238 |
| 北京 | 64 064 | 73 550 370 | 4 829 | 69 813 746 | 10 193 | 721 822 | 1 056 |
| 天津 | 15 564 | 1 353 241 | 2 613 | 3 774 197 | 6 006 | 437 781 | 410 |
| 河北 | 23 326 | 3 482 134 | 3 128 | 5 285 542 | 16 851 | 2 513 730 | 814 |
| 山西 | 17 065 | 2 178 302 | 1 688 | 1 384 354 | 9 911 | 990 547 | 582 |
| 内蒙古 | 18 346 | 1 895 679 | 2 308 | 8 048 049 | 14 709 | 1 549 271 | 703 |
| 辽宁 | 25 803 | 3 612 265 | 3 575 | 8 295 481 | 8 088 | 915 046 | 732 |
| 吉林 | 10 104 | 2 422 115 | 2 284 | 3 176 388 | 7 682 | 978 975 | 275 |
| 黑龙江 | 19 046 | 4 375 696 | 1 699 | 3 286 757 | 14 205 | 1 808 572 | 437 |
| 上海 | 71 527 | 10 012 138 | 6 548 | 22 406 011 | 14 367 | 2 544 508 | 1 112 |
| 江苏 | 64 362 | 9 159 517 | 6 829 | 9 275 655 | 19 993 | 1 996 338 | 1 928 |
| 浙江 | 66 420 | 6 918 640 | 7 046 | 9 974 460 | 24 128 | 2 619 748 | 1 099 |
| 安徽 | 36 282 | 3 149 214 | 4 360 | 2 948 029 | 13 334 | 1 260 680 | 821 |
| 福建 | 26 211 | 3 802 096 | 3 400 | 4 988 774 | 9 818 | 1 788 692 | 785 |
| 江西 | 20 488 | 3 345 655 | 4 387 | 3 655 592 | 10 666 | 869 777 | 468 |
| 山东 | 34 565 | 4 452 754 | 3 157 | 6 923 444 | 11 196 | 2 740 765 | 721 |
| 河南 | 34 478 | 5 563 551 | 4 573 | 6 653 309 | 17 306 | 1 983 869 | 1 414 |
| 湖北 | 44 756 | 7 924 253 | 7 703 | 7 870 693 | 21 979 | 3 024 927 | 1 146 |
| 湖南 | 30 716 | 4 233 524 | 4 247 | 7 407 649 | 14 234 | 1 884 917 | 1 147 |
| 广东 | 40 794 | 7 652 510 | 4 804 | 17 625 452 | 12 406 | 987 000 | 1 325 |
| 广西 | 20 897 | 3 256 258 | 3 366 | 4 642 475 | 22 597 | 1 852 237 | 748 |
| 海南 | 2 244 | 334 634 | 1 352 | 255 310 | 2 400 | 184 270 | 151 |
| 重庆 | 20 066 | 9 315 072 | 2 265 | 7 562 301 | 8 029 | 978 877 | 841 |
| 四川 | 41 040 | 8 035 132 | 4 703 | 9 203 412 | 44 161 | 3 932 823 | 1 434 |

续表

| 地区 | 科普讲座 举办次数/次 | 科普讲座 参加人数/人次 | 科普展览 专题展览次数/次 | 科普展览 参观人数/人次 | 举办实用技术培训 举办次数/次 | 举办实用技术培训 参加人数/人次 | 重大科普活动次数/次 |
|---|---|---|---|---|---|---|---|
| 贵州 | 15 990 | 2 407 145 | 1 842 | 1 955 765 | 18 718 | 1 793 932 | 388 |
| 云南 | 41 607 | 4 941 953 | 6 747 | 11 349 628 | 72 315 | 5 782 435 | 1 190 |
| 西藏 | 726 | 145 619 | 147 | 356 125 | 445 | 42 848 | 186 |
| 陕西 | 30 336 | 5 333 521 | 4 129 | 4 842 306 | 35 076 | 2 771 323 | 1 261 |
| 甘肃 | 24 667 | 3 713 592 | 5 922 | 8 051 368 | 31 618 | 2 657 727 | 1 243 |
| 青海 | 7 590 | 1 535 742 | 1 162 | 1 300 937 | 2 667 | 231 399 | 368 |
| 宁夏 | 7 917 | 1 539 483 | 1 260 | 1 283 200 | 3 894 | 374 439 | 224 |
| 新疆 | 32 972 | 5 865 867 | 4 330 | 2 349 810 | 36 150 | 4 421 052 | 652 |

**附表1-6　2018年各省份创新创业中的科普**

| 地区 | 众创空间/个 | 创新创业培训 培训次数/次 | 创新创业培训 参加人数/人次 |
|---|---|---|---|
| 全国 | 9 771 | 80 438 | 4 797 036 |
| 东部 | 4 505 | 34 094 | 2 024 177 |
| 中部 | 1 777 | 23 411 | 1 607 270 |
| 西部 | 3 489 | 22 933 | 1 165 589 |
| 北京 | 609 | 2 482 | 278 040 |
| 天津 | 273 | 2 211 | 81 174 |
| 河北 | 450 | 4 224 | 183 317 |
| 山西 | 208 | 3 136 | 66 503 |
| 内蒙古 | 278 | 2 265 | 75 491 |
| 辽宁 | 233 | 1 784 | 157 669 |
| 吉林 | 125 | 1 680 | 26 045 |
| 黑龙江 | 183 | 1 923 | 89 096 |
| 上海 | 1 279 | 11 089 | 475 142 |

续表

| 地区 | 众创空间/个 | 创新创业培训 培训次数/次 | 创新创业培训 参加人数/人次 |
|---|---|---|---|
| 江苏 | 504 | 4 536 | 215 450 |
| 浙江 | 117 | 2 064 | 148 148 |
| 安徽 | 280 | 2 506 | 141 809 |
| 福建 | 492 | 1 682 | 96 573 |
| 江西 | 257 | 2 767 | 573 569 |
| 山东 | 175 | 1 141 | 174 144 |
| 河南 | 117 | 2 891 | 206 029 |
| 湖北 | 293 | 3 330 | 223 807 |
| 湖南 | 314 | 5 178 | 280 412 |
| 广东 | 297 | 1 536 | 122 341 |
| 广西 | 462 | 2 342 | 140 224 |
| 海南 | 76 | 1 345 | 92 179 |
| 重庆 | 217 | 2 258 | 116 302 |
| 四川 | 269 | 2 889 | 180 274 |
| 贵州 | 99 | 1 589 | 27 718 |
| 云南 | 503 | 2 936 | 209 272 |
| 西藏 | 51 | 1 805 | 18 703 |
| 陕西 | 1 332 | 3 871 | 142 340 |
| 甘肃 | 48 | 916 | 92 379 |
| 青海 | 12 | 362 | 37 699 |
| 宁夏 | 23 | 315 | 21 729 |
| 新疆 | 195 | 1 385 | 103 458 |

# 附录2  2005～2019年国家科技进步奖中科普作品获奖名单

| 时间 | 项目编号 | 项目名称 | 推荐单位 |
| --- | --- | --- | --- |
| 2005 | J-204-2-01 | 中国儿童百科全书 | 中国科协 |
|  | J-204-2-02 | 现代武器装备知识丛书 | 总装备部 |
|  | J-204-2-03 | 数学家的眼光 | 中国科协 |
|  | J-204-2-04 | 全球变化热门话题丛书 | 中国气象局 |
|  | J-204-2-05 | 院士科普书系 | 中国科学院 |
|  | J-204-2-06 | 《相约健康社区行巡讲精粹》丛书 | 卫生部 |
|  | J-204-2-07 | 解读生命丛书之《人类进化足迹》《大脑黑匣揭密》 | 中国科协 |
| 2006 | J-204-2-01 | 书本科技馆 | 中国科协 |
|  | J-204-2-02 | 《野性亚马逊——一个中国科学家的丛林考察笔记》 | 中国科学院 |
|  | J-204-2-03 | 身边的科学 | 中国科协 |
|  | J-204-2-04 | 中国天鹅 | 中国科协 |
|  | J-204-2-05 | 协和医生答疑丛书 | 卫生部 |
|  | J-204-2-06 | 《信息战冲击波》国防教育系列片 | 总装备部 |
| 2007 | J-204-2-01 | 物理改变世界 | 中国科协 |
|  | J-204-2-02 | 《沼气用户手册》科普连环画册 | 农业部 |

续表

| 时间 | 项目编号 | 项目名称 | 推荐单位 |
| --- | --- | --- | --- |
| 2007 | J–204–2–03 | 《世纪兵戈》国防科技系列片 | 总装备部 |
|  | J–204–2–04 | 《雷鸣之夜》 | 国家广播电影电视总局 |
|  | J–204–2–05 | 知名专家进社区谈医说病丛书 | 中华医学会 |
|  | J–204–2–06 | E时代N个为什么（12册） | 中国科协 |
|  | J–204–2–07 | 电影科教片《煤矿瓦斯爆炸事故的防治》 | 国家广播电影电视总局 |
| 2008 | J–204–2–01 | 气象防灾减灾电视系列片：远离灾害 | 中国气象局 |
|  | J–204–2–02 | 彩图科技百科全书 | 上海市 |
|  | J–204–2–03 | 《飞天之路——中国载人航天工程纪实》 | 总装备部 |
| 2009 | J–204–2–01 | "好玩的数学"丛书 | 国家新闻出版总署 |
|  | J–204–2–02 | 《和三峡呼吸与共——三峡工程生态与环境监测系统》系列专题片 | 国家广播电影电视总局 |
|  | J–204–2–03 | 多彩的昆虫世界 | 上海市 |
| 2010 | J–204–2–01 | 李毓佩数学故事系列 | 中国科协 |
|  | J–204–2–02 | 《黑龙江农业新技术系列图解丛书》 | 农业部 |
|  | J–204–2–03 | 数学小丛书 | 国家新闻出版总署 |
|  | J–204–2–04 | 追星——关于天文、历史、艺术与宗教的传奇 | 中国科协 |
| 2011 | J–204–2–01 | 农作物重要病虫鉴别与治理原创科普系列彩版图书 | 中国科协 |
|  | J–204–2–02 | 讲给孩子的中国大自然 | 中国科协 |
|  | J–204–2–03 | 《回望人类发明之路》 | 中国科协 |
|  | J–204–2–04 | 《防雷避险手册》及《防雷避险常识》挂图 | 中国气象局 |

续表

| 时间 | 项目编号 | 项目名称 | 推荐单位 |
|---|---|---|---|
| 2012 | J-204-2-01 | "天"生与"人"生：生殖与克隆 | 中国科协 |
| 2013 | J-204-2-01 | 保护性耕作技术 | 中国科协 |
|  | J-204-2-02 | 基因的故事——解读生命的密码 | 中国科学院 |
| 2014 | J-204-2-01 | 远古的悸动——生命起源与进化 | 中国科学院 |
|  | J-204-2-02 | 专家解答——腰椎间盘突出症 | 上海市 |
|  | J-204-2-03 | 听伯伯讲银杏的故事 | 国家林业局 |
| 2015 | J-204-2-01 | 玉米田间种植系列手册与挂图 | 中国科协 |
|  | J-204-2-02 | 前列腺疾病100问 | 上海市 |
|  | J-204-2-03 | 中国载人航天科普丛书 | 国家新闻出版广电总局 |
| 2016 | J-204-2-01 | 躲不开的食品添加剂——院士、教授告诉你食品添加剂背后那些事 | 教育部 |
|  | J-204-2-02 | 了解青光眼——战胜青光眼 | 上海市 |
|  | J-204-2-03 | 《全民健康十万个为什么》系列丛书 | 中国科协 |
|  | J-204-2-04 | 《变暖的地球》（影片） | 中国科协 |
| 2017 | J-204-2-01 | 《湿地北京》 | 中国科协 |
|  | J-204-2-02 | 《阿优》的科普动画创新与跨媒体传播 | 浙江省 |
|  | J-204-2-03 | "科学家带你去探险"系列丛书 | 中国科协 |
|  | J-204-2-04 | 《肾脏病科普丛书》 | 河南省 |
|  | J-204-2-05 | 《数学传奇——那些难以企及的人物》 | 浙江省 |
| 2018 | J-204-2-01 | 图说灾难逃生自救丛书 | 中华医学会 |
|  | J-204-2-02 | 生命奥秘丛书（达尔文的证据、深海鱼影和人体的奥秘） | 中国科协 |
|  | J-204-2-03 | "中国珍稀物种"系列科普片 | 上海市 |
| 2019 | J-204-2-01 | 优质专用小麦生产关键技术百问百答 | 农业农村部 |
|  | J-204-2-02 | 《急诊室故事》医学科普纪录片 | 上海市 |

# 附录3  2019年全国优秀科普作品名单

| 序号 | 名称 | 主要作者（单位） | 出版社 | 推荐单位 |
| --- | --- | --- | --- | --- |
| 1 | 《美丽长江——长江流域水生态科普读本》 | 水利部水资源司、中国水利学会 编 | 中国水利水电出版社 | 水利部 |
| 2 | 《时间的礼物·画给孩子的世界文化遗产》 | 洋洋兔 编绘 | 北京理工大学出版社 | 国家文物局 |
| 3 | 《"向太空进发"中国载人航天科学绘本》丛书（《我想去太空》《飞船升空了》《你好！空间站》） | 张智慧 著，郭丽娟、酒亚光、王雅娴 绘 | 北京科学技术出版社 | 国防科工局 |
| 4 | 《中国天眼：FAST探秘》 | 张波 主编，大众科学杂志社 编 | 贵州科技出版社 | 贵州省 |
| 5 | 《万物由来：小麦·玉米·水·牛奶·茶·酒》6册 | 郭翔 著 | 北京理工大学出版社 | 工业和信息化部 |
| 6 | 《给孩子讲中国地理》（14册） | 张百平、周国宝 著 | 中国轻工业出版社 | 自然资源部 |
| 7 | 《环保科普丛书》30册 | 环境保护部科技标准司、中国环境科学学会 主编 | 中国环境出版社 | 生态环境部 |
| 8 | 《酷酷的机械书》3册 | 冰河 编著 | 中国和平出版社 | 中央统战部 |
| 9 | 《藏区健康科普手册》 | 刘圆、拉目加等 主编 | 民族出版社 | 国家民委 |

续表

| 序号 | 名称 | 主要作者（单位） | 出版社 | 推荐单位 |
|---|---|---|---|---|
| 10 | 《中国桥》 | 刘少鹏、曹淑海 著，曹淑海 绘 | 开明出版社 | 中央统战部 |
| 11 | 《童话中的生态学——小狐狸菲克的故事》 | 小鹿妈妈 著，安阳 绘 | 中国林业出版社 | 林草局 |
| 12 | 《转基因的真相与误区》 | 沈立荣 编著 | 中国轻工业出版社 | 浙江省 |
| 13 | 《流感病毒：躲也躲不过的敌人》 | 高福、刘欢 著 | 科学普及出版社 | 中国科协 |
| 14 | 《多样性的中国荒漠》 | 陈建伟 著摄 | 中国林业出版社 | 中国科协 |
| 15 | 《钱学森的故事》 | 叶永烈 著 | 中国青年出版社 | 共青团中央 |
| 16 | 《名画在左，科学在右》 | 林凤生 著 | 上海科技教育出版社 | 上海市 |
| 17 | 《讲好中医故事》5册 | 阚湘苓、李淳 主编 | 中医古籍出版社 | 中医药管理局 |
| 18 | 《10天，让你避开宫颈癌》 | 谭先杰 著 | 中国妇女出版社 | 卫健委 |
| 19 | 《传奇地球——来自石头的述说》 | 许志琴、嵇少丞、杨经绥等 著 | 地质出版社 | 自然资源部 |
| 20 | 《基因变迁史》 | 王友华、蔡晶晶、唐巧玲等 著 | 科学出版社 | 农业农村部 |
| 21 | 《花开未觉岁月深：二十四节气七十二候花信风》 | 丁鹏勃、任彤 撰文，〔日〕巨势小石 绘 | 中国画报出版社 | 文化和旅游部 |
| 22 | 《李小睿和水仙子·南水奇游记》 | 南水北调中线干线工程建设管理局组编 | 中国水利水电出版社 | 水利部 |
| 23 | 《跟地质学家去旅行》 | 顾松竹 著 | 武汉出版社 | 自然资源部 |
| 24 | 《赫赫有名的生物入侵者》 | 周培主 编 | 暨南大学出版社 | 海关总署 |
| 25 | 《中国大科学装置出版工程》 | 南仁东、王贻芳、张兵等 编 | 浙江教育出版社 | 中国科学院 |
| 26 | 《漫画老年家装》 | 周燕珉 著，马笑笑 绘 | 中国建筑工业出版社 | 住房和城乡建设部 |

续表

| 序号 | 名称 | 主要作者（单位） | 出版社 | 推荐单位 |
| --- | --- | --- | --- | --- |
| 27 | 《神奇的矿物世界》 | 杨良锋、叶青培、帐西焕等 编著 | 地质出版社 | 自然资源部 |
| 28 | 《晓肚知肠：肠菌的小心思》 | 段云峰 著 | 清华大学出版社 | 教育部 |
| 29 | 《小牙医漫谈》 | 许俊卿 主编 | 广东科技出版社 | 教育部 |
| 30 | 《地震知识与应急避险》 | 张英编 绘 | 地震出版社 | 应急管理部 |
| 31 | 《协和人说健康》 | 马超、金涛 主编 | 人民卫生出版社 | 卫健委 |
| 32 | 《我与大自然的奇妙相遇》 | 宋大昭、黄巧雯 著，李亚亚 绘 | 人民文学出版社 天天出版社 | 林草局 |
| 33 | 《大国重器——图说当代中国重大科技成果》 | 贲德主编，江苏省科普作家协会 编 | 江苏凤凰美术出版社 | 江苏省 |
| 34 | 《太空课堂》科普丛书（全三册） | 王依兵 著 | 知识产权出版社 | 国家知识产权局 |
| 35 | 《李毓佩教学科普文集》10册 | 李毓佩 著 | 湖北科学技术出版社 | 湖北省 |
| 36 | 《与中国院士对话》 | 薛永祺、海波、秦畅等 编 | 华东师范大学出版社 | 上海市 |
| 37 | 《地球之类：一部看得见的地球简史》 | （法）帕特里克·德韦弗 著；（法）让-弗郎索瓦·布翁克里斯蒂亚尼 绘 | 新星出版社 | 中国外文局 |
| 38 | 《工程师爸爸写给孩子的信——港珠澳大桥是如何建成的》 | 陈柏华、林阳子、李德松等 编 | 广东科技出版社 | 广东省 |
| 39 | 《大科学家讲小科普系列》7册 | 黄春辉、匡廷云、郭红卫等 主编 | 吉林科学技术出版社 | 吉林省 |
| 40 | 《太阳之美：一颗恒星的过去、现在和未来》 | 谭宝林 著 | 天津科学技术出版社 | 天津市 |
| 41 | 《鬼脸化学课·元素家族》（全3册） | 鲁超（笔名：英雄超子）著 | 南京师范大学出版社 | 江苏省 |
| 42 | 《二十四节气旅行绘本》（全24册） | 保冬妮 著，王俊卿 绘 | 接力出版社 | 广西壮族自治区 |

续表

| 序号 | 名称 | 主要作者（单位） | 出版社 | 推荐单位 |
|---|---|---|---|---|
| 43 | 《深海探索丛书》6 册 | 汪品先 主编，宋婷婷、崔维成等 编著 | 少年儿童出版社 | 上海市 |
| 44 | 《让孩子远离近视》 | 杨智宽、李晓柠、蓝卫忠 主编 | 科学出版社 | 全国总工会 |
| 45 | 《身边事物简史丛书》3 册 | 歪歪兔童书馆 著 | 海豚出版社 | 北京市 |
| 46 | 《智慧精灵》科普立体书丛书 | 王小明 主编，胡玺丹、王俊卿、张维赟、竺大镛 著 | 少年儿童出版社 | 新疆维吾尔族自治区 |
| 47 | 《超级科学》5 册 | 王令朝 著 | 云南出版集团、晨光出版社 | 云南省 |
| 48 | 《人体健康与免疫科普丛书》 | 曹雪涛 总主编，田志刚、于益芝 副总主编 | 人民卫生出版社 | 中国科协 |
| 49 | 《蒙餐——中国第九大菜系》 | 内蒙古自治区标准化院、内蒙古自治区餐饮与饭店行业协会 编著 | 中国质检出版社、中国标准出版社 | 内蒙古自治区 |
| 50 | 《生命之秘》 | 刘德英、唐平 主编 | 科学普及出版社 | 教育部 |
| 51 | 《建筑科普丛书》6 册 | 秦佑国 编著 | 中国建筑工业出版社 | 住房和城乡建设部 |
| 52 | 《思维上的困惑——公众关心的转基因问题》 | 农业农村部农业转基因生物安全管理办公室 编 | 中国农业出版社 | 农业农村部 |
| 53 | 《农村妇女脱贫攻坚知识丛书》8 册 | 全国妇联妇女发展部、农业部科技教育司、中国农学会 组 编 | 中国农业出版社、中国妇女出版社 | 农业农村部 |
| 54 | 《垃圾分类科普知识》系列丛书 | 郑中原、刘源 主编 | 人民交通出版社股份有限公司 | 交通运输部 |
| 55 | 《肿瘤防治科普丛书》13 册 | 吴永忠、周琦等 主编 | 人民卫生出版社 | 教育部 |

续表

| 序号 | 名称 | 主要作者（单位） | 出版社 | 推荐单位 |
|---|---|---|---|---|
| 56 | 《走近金融科技》 | 周逢民 主编 | 中国金融出版社 | 人民银行 |
| 57 | 《国门生物安全知识中学读本》 | 国家质检总局动植物检疫监管司 组编，上海出入境检验检疫局 编著 | 中国标准出版社 | 海关总署 |
| 58 | 《剑与盾之歌：人类对抗病毒的精彩瞬间》 | 刘欢 著 | 科学出版社 | 中国科学院 |
| 59 | 《奇妙量子世界：人人都能看懂的量子科学漫画》 | 墨子沙龙 著，Sheldon 科学漫画工作室 绘制 | 人民邮电出版社 | 工业和信息化部 |
| 60 | 湖泊科普系列丛书——《中国湖泊掠影》《中国湖泊趣谈》《诗话湖泊》 | 薛滨、郭娅 编著 | 南京大学出版社 | 中国科学院 |
| 61 | 《你从哪里来我的朋友》 | 郑渊洁 原著，皮皮鲁总动员 改编 | 天津人民出版社 | 天津市 |
| 62 | 《爱提问的当当系列丛书》 | 王琳、李成文 著 | 中国医药科技出版社 | 国家药品监督管理局 |
| 63 | 《上帝的手术刀：基因编辑简史》 | 王立铭 著 | 浙江人民出版社 | 浙江省 |
| 64 | 《飞天的梦》 | 侯文军、王希萌、盛卿 主编 | 知识产权出版社 | 国家知识产权局 |
| 65 | 《节气里的生物密码》 | 重庆市教育科学研究院 编著 | 气象出版社 | 中国气象局 |
| 66 | 《上曜星月——中国北斗100问》《下安物望——北斗应用100例》 | 袁树友 主编 | 解放军出版社 | 军委科技委 |
| 67 | 《追星——风云气象卫星的前世今生》 | 曹静 著 | 气象出版社 | 中国气象局 |
| 68 | 《走进传染病王国——传染病预防控制知识系列童话》 | 王英 著 | 天津科学技术出版社 | 山东省 |

续表

| 序号 | 名称 | 主要作者（单位） | 出版社 | 推荐单位 |
|---|---|---|---|---|
| 69 | "嗨！元素"科普套书 | 美丽科学 著 | 人民邮电出版社 | 安徽省 |
| 70 | 《身体的秘密丛书》7册 | 盛诗斓文，叶露盈、常紫萧、林琳 绘 | 浙江人民美术出版社 | 中国科协 |
| 71 | 《抗癌必修课》系列丛书 | 臧远胜、王湛、秦文星等 主编 | 上海科学技术出版社 | 军委科技委 |
| 72 | 《好孩子的自然观察课——叶》 | 卢元、郭卫珍、莫海波等 著 | 商务印书馆 | 陕西省 |
| 73 | 《图解丝绸之路经济带》 | 庞闻 主编 | 西安地图出版社 | 陕西省 |
| 74 | 《1分钟物理》 | 文亚 主编，魏红祥、成蒙 副主编 | 北京联合出版公司 | 中国科学院 |
| 75 | 《小诺贝尔科学馆》1~4 | 蟋蟀童书《小诺贝尔科学馆》编写组 编著 | 黑龙江科学技术出版社 | 黑龙江省 |
| 76 | 《湖南鸟类图鉴》 | 李剑志 著 | 湖南科学技术出版社 | 湖南省 |
| 77 | 《我想住进一粒尘埃》 | 刘金霞（笔名：霞子）著 | 福建少年儿童出版社 | 福建省 |
| 78 | 《路边的本草记》 | 薛滨 编著 | 中国医药科技出版社 | 国家药品监督管理局 |
| 79 | 《中国蜘蛛生态大图鉴》 | 张志升、王露雨 主编 | 重庆大学出版社 | 重庆市 |
| 80 | 《谈癌不色变》 | 李景南、徐志坚 主编 | 中国医药科技出版社 | 国家药品监督管理局 |
| 81 | 《优美的科学》丛书（含"结构与形态"及"运动与变化"两个分册） | 张燕翔 编著 | 中国科学技术大学出版社 | 安徽省 |

续表

| 序号 | 名称 | 主要作者（单位） | 出版社 | 推荐单位 |
|---|---|---|---|---|
| 82 | 《BBC 科普三部曲》之《生命：非常的世界》《地球：行星的力量》《海洋：深水探秘》 | 《生命：非常的世界》〔英〕玛莎·福尔摩斯、迈克尔·高顿 著，丛言、胡娴娟、陈瑶 译 《地球：行星的力量》〔英〕伊恩·斯图尔特、〔英〕约翰·林奇著，王昭力、聂永阁等 译 《海洋：深水探秘》〔英〕保尔·罗斯、安妮·莱金 著，李力、程涛 译 | 重庆出版集团、重庆出版社 | 重庆市 |
| 83 | 《揭秘可燃冰——可燃冰知识100问》 | 刘昌岭、刘乐乐、李彦龙 等著 | 气象出版社 | 青岛市 |
| 84 | 《青少年低碳系列科普丛书》 | 韩俊、牛卢璐 编著 | 科学技术文献出版社 | 杭州市 |
| 85 | 《身边生动的自然课——姹紫嫣红的花卉、青翠欲滴的蔬菜、四季丰硕的果实、多彩多姿的野花》（一套4册） | 匡廷云、谢清霞 主编 | 吉林科学技术出版社 | 吉林省 |
| 86 | 青少年创新思维培养丛书（《探索的足迹》《创新的力量》《思想的锋芒》） | 尹传红 著 | 上海科技教育出版社 | 科技部 |
| 87 | 《静听宇宙的声音——走进中国天文台》 | 瞿秋石 著 | 科学技术文献出版社 | 科技部 |
| 88 | 《魔幻手环——新叶的神奇之旅》 | 中国生物技术发展中心 编著 | 科学普及出版社 | 科技部 |
| 89 | 《神奇的大豆魔法》 | 果壳 著，孙莉莉 绘 | 中国农业出版社 | 农业农村部 |

续表

| 序号 | 名称 | 主要作者（单位） | 出版社 | 推荐单位 |
| --- | --- | --- | --- | --- |
| 90 | 《画说地震》 | 仇尚媛、肖宁、刘菲 主编 | 黑龙江大学出版社 | 应急管理部 |
| 91 | 《老年人科学健身指导丛书》 | 中国老年人体育协会 编 | 人民体育出版社 | 体育总局 |
| 92 | 《亚东桥话》 | 李亚东 著 | 人民交通出版社股份有限公司 | 交通运输部 |
| 93 | 《小病药治》 | 金锐 著 | 科学技术文献出版社 | 科技部 |
| 94 | 《1000天阅读效应：0～3岁阅读启蒙及选书用书全攻略》 | 陈苗苗、李岩 著 | 中国少年儿童出版社 | 全国妇联 |
| 95 | 《国门生物安全科普系列丛书》2册 | 孙旻旻 著，孙姚 绘 | 新华出版社 | 海关总署 |
| 96 | 《儿行千里——沿着长江上高原》 | 范春歌 著 | 长江出版社 | 水利部 |
| 97 | 《南国棕榈——热带风情代言人》 | 郝爽 著，孙鹤、蔡静莹 绘 | 中国林业出版社 | 林草局 |
| 98 | 《漫谈电世界安全》 | 国家质检总局科技委 编著 | 中国标准出版社 | 国家市场监管总局 |
| 99 | 《运动即良药》 | 张晓玲、黄卫、潘黎君等 主编 | 科学出版社 | 体育总局 |
| 100 | 《地震知识早知道》 | 青海省地震局 编 | 青海人民出版社 | 中国地震局 |

# 附录 4 《国家科学技术奖励条例》

## 国家科学技术奖励条例

（1999年5月23日中华人民共和国国务院令第265号发布　根据2003年12月20日《国务院关于修改〈国家科学技术奖励条例〉的决定》第一次修订　根据2013年7月18日《国务院关于废止和修改部分行政法规的决定》第二次修订　2020年10月7日中华人民共和国国务院令第731号第三次修订）

### 第一章　总　则

第一条　为了奖励在科学技术进步活动中做出突出贡献的个人、组织，调动科学技术工作者的积极性和创造性，建设创新型国家和世界科技强国，根据《中华人民共和国科学技术进步法》，制定本条例。

第二条　国务院设立下列国家科学技术奖：

（一）国家最高科学技术奖；

（二）国家自然科学奖；

（三）国家技术发明奖；

（四）国家科学技术进步奖；

（五）中华人民共和国国际科学技术合作奖。

**第三条** 国家科学技术奖应当与国家重大战略需要和中长期科技发展规划紧密结合。国家加大对自然科学基础研究和应用基础研究的奖励。国家自然科学奖应当注重前瞻性、理论性，国家技术发明奖应当注重原创性、实用性，国家科学技术进步奖应当注重创新性、效益性。

**第四条** 国家科学技术奖励工作坚持中国共产党领导，实施创新驱动发展战略，贯彻尊重劳动、尊重知识、尊重人才、尊重创造的方针，培育和践行社会主义核心价值观。

**第五条** 国家维护国家科学技术奖的公正性、严肃性、权威性和荣誉性，将国家科学技术奖授予追求真理、潜心研究、学有所长、研有所专、敢于超越、勇攀高峰的科技工作者。

国家科学技术奖的提名、评审和授予，不受任何组织或者个人干涉。

**第六条** 国务院科学技术行政部门负责国家科学技术奖的相关办法制定和评审活动的组织工作。对涉及国家安全的项目，应当采取严格的保密措施。

国家科学技术奖励应当实施绩效管理。

**第七条** 国家设立国家科学技术奖励委员会。国家科学技术奖励委员会聘请有关方面的专家、学者等组成评审委员会和监督委员会，负责国家科学技术奖的评审和监督工作。

国家科学技术奖励委员会的组成人员人选由国务院科学技术行政部门提出，报国务院批准。

## 第二章 国家科学技术奖的设置

第八条 国家最高科学技术奖授予下列中国公民：

（一）在当代科学技术前沿取得重大突破或者在科学技术发展中有卓越建树的；

（二）在科学技术创新、科学技术成果转化和高技术产业化中，创造巨大经济效益、社会效益、生态环境效益或者对维护国家安全做出巨大贡献的。

国家最高科学技术奖不分等级，每次授予人数不超过 2 名。

第九条 国家自然科学奖授予在基础研究和应用基础研究中阐明自然现象、特征和规律，做出重大科学发现的个人。

前款所称重大科学发现，应当具备下列条件：

（一）前人尚未发现或者尚未阐明；

（二）具有重大科学价值；

（三）得到国内外自然科学界公认。

第十条 国家技术发明奖授予运用科学技术知识做出产品、工艺、材料、器件及其系统等重大技术发明的个人。

前款所称重大技术发明，应当具备下列条件：

（一）前人尚未发明或者尚未公开；

（二）具有先进性、创造性、实用性；

（三）经实施，创造显著经济效益、社会效益、生态环境效益或者对维护国家安全做出显著贡献，且具有良好的应用前景。

第十一条 国家科学技术进步奖授予完成和应用推广创新性科学技术成果，为推动科学技术进步和经济社会发展做出突出贡献的个人、组织。

前款所称创新性科学技术成果，应当具备下列条件：

（一）技术创新性突出，技术经济指标先进；

（二）经应用推广，创造显著经济效益、社会效益、生态环境效益或者对维护国家安全做出显著贡献；

（三）在推动行业科学技术进步等方面有重大贡献。

第十二条　国家自然科学奖、国家技术发明奖、国家科学技术进步奖分为一等奖、二等奖2个等级；对做出特别重大的科学发现、技术发明或者创新性科学技术成果的，可以授予特等奖。

第十三条　中华人民共和国国际科学技术合作奖授予对中国科学技术事业做出重要贡献的下列外国人或者外国组织：

（一）同中国的公民或者组织合作研究、开发，取得重大科学技术成果的；

（二）向中国的公民或者组织传授先进科学技术、培养人才，成效特别显著的；

（三）为促进中国与外国的国际科学技术交流与合作，做出重要贡献的。

中华人民共和国国际科学技术合作奖不分等级。

## 第三章　国家科学技术奖的提名、评审和授予

第十四条　国家科学技术奖实行提名制度，不受理自荐。候选者由下列单位或者个人提名：

（一）符合国务院科学技术行政部门规定的资格条件的专家、学者、组织机构；

（二）中央和国家机关有关部门，中央军事委员会科学技术部门，省、自治区、直辖市、计划单列市人民政府。

香港特别行政区、澳门特别行政区、台湾地区的有关个人、组织的提名资格条件，由国务院科学技术行政部门规定。

中华人民共和国驻外使馆、领馆可以提名中华人民共和国国际科学技术合作奖的候选者。

第十五条　提名者应当严格按照提名办法提名，提供提名材料，对材料的真实性和准确性负责，并按照规定承担相应责任。

提名办法由国务院科学技术行政部门制定。

第十六条　在科学技术活动中有下列情形之一的，相关个人、组织不得被提名或者授予国家科学技术奖：

（一）危害国家安全、损害社会公共利益、危害人体健康、违反伦理道德的；

（二）有科研不端行为，按照国家有关规定被禁止参与国家科学技术奖励活动的；

（三）有国务院科学技术行政部门规定的其他情形的。

第十七条　国务院科学技术行政部门应当建立覆盖各学科、各领域的评审专家库，并及时更新。评审专家应当精通所从事学科、领域的专业知识，具有较高的学术水平和良好的科学道德。

第十八条　评审活动应当坚持公开、公平、公正的原则。评审专家与候选者有重大利害关系，可能影响评审公平、公正的，应当回避。

评审委员会的评审委员和参与评审活动的评审专家应当遵守评审工作纪律，不得有利用评审委员、评审专家身份牟取利益或者与其他评审委员、评审专家串通表决等可能影响评审公平、公正的行为。

评审办法由国务院科学技术行政部门制定。

第十九条　评审委员会设立评审组进行初评，评审组负责提出初评建议并提交评审委员会。

参与初评的评审专家从评审专家库中抽取产生。

第二十条　评审委员会根据相关办法对初评建议进行评审，并向国家科学技术奖励委员会提出各奖种获奖者和奖励等级的建议。

监督委员会根据相关办法对提名、评审和异议处理工作全程进行监督，并向国家科学技术奖励委员会报告监督情况。

国家科学技术奖励委员会根据评审委员会的建议和监督委员会的报告，作出各奖种获奖者和奖励等级的决议。

第二十一条　国务院科学技术行政部门对国家科学技术奖励委员会作出的各奖种获奖者和奖励等级的决议进行审核，报国务院批准。

第二十二条　国家最高科学技术奖报请国家主席签署并颁发奖章、证书和奖金。

国家自然科学奖、国家技术发明奖、国家科学技术进步奖由国务院颁发证书和奖金。

中华人民共和国国际科学技术合作奖由国务院颁发奖章和证书。

第二十三条　国家科学技术奖提名和评审的办法、奖励总数、奖励结果等信息应当向社会公布，接受社会监督。

涉及国家安全的保密项目，应当严格遵守国家保密法律法规的有关规定，加强项目内容的保密管理，在适当范围内公布。

第二十四条　国家科学技术奖励工作实行科研诚信审核制度。国务院科学技术行政部门负责建立提名专家、学者、组织机构和评审委员、评审专家、候选者的科研诚信严重失信行为数据库。

禁止任何个人、组织进行可能影响国家科学技术奖提名和评审公平、公正的活动。

第二十五条　国家最高科学技术奖的奖金数额由国务院规定。

国家自然科学奖、国家技术发明奖、国家科学技术进步奖的奖金数额由国务院科学技术行政部门会同财政部门规定。

国家科学技术奖的奖励经费列入中央预算。

第二十六条　宣传国家科学技术奖获奖者的突出贡献和创新精神，应当遵守法律法规的规定，做到安全、保密、适度、严谨。

第二十七条　禁止使用国家科学技术奖名义牟取不正当利益。

## 第四章　法律责任

第二十八条　候选者进行可能影响国家科学技术奖提名和评审公平、公正的活动的，由国务院科学技术行政部门给予通报批评，取消其参评资格，并由所在单位或者有关部门依法给予处分。

其他个人或者组织进行可能影响国家科学技术奖提名和评审公平、公正的活动的，由国务院科学技术行政部门给予通报批评；相关候选者有责任的，取消其参评资格。

第二十九条　评审委员、评审专家违反国家科学技术奖评审工作纪律的，由国务院科学技术行政部门取消其评审委员、评审专家资格，并由所在单位或者有关部门依法给予处分。

第三十条　获奖者剽窃、侵占他人的发现、发明或者其他科学技术成果的，或者以其他不正当手段骗取国家科学技术奖的，由国务院科学技术行政部门报国务院批准后撤销奖励，追回奖章、证书和奖金，并由所在单位或者有关部门依法给予处分。

第三十一条　提名专家、学者、组织机构提供虚假数据、材料，协助他人骗取国家科学技术奖的，由国务院科学技术行政部门给予通报批评；情节严重的，暂停或者取消其提名资格，并由所在单位或者有关部门依法给予处分。

第三十二条　违反本条例第二十七条规定的，由有关部门依照相关法律、行政法规的规定予以查处。

第三十三条　对违反本条例规定，有科研诚信严重失信行为的个人、组织，记入科研诚信严重失信行为数据库，并共享至全国信用信息共享平台，按照国家有关规定实施联合惩戒。

第三十四条　国家科学技术奖的候选者、获奖者、评审委员、评审专家和提名专家、学者涉嫌违反其他法律、行政法规的，国务院科学技术行政部门应当通报有关部门依法予以处理。

第三十五条　参与国家科学技术奖评审组织工作的人员在评审活动中滥用职权、玩忽职守、徇私舞弊的，依法给予处分；构成犯罪的，依法追究刑事责任。

## 第五章　附　则

第三十六条　有关部门根据国家安全领域的特殊情况，可以设立部级科学技术奖；省、自治区、直辖市、计划单列市人民政府可以设立一项省级科学技术奖。具体办法由设奖部门或者地方人民政府制定，并报国务院科学技术行政部门及有关单位备案。

设立省部级科学技术奖，应当按照精简原则，严格控制奖励数量，提高奖励质量，优化奖励程序。其他国家机关、群众团体，以及参照公务员法管理的事业单位，不得设立科学技术奖。

第三十七条　国家鼓励社会力量设立科学技术奖。社会力量设立科学技术奖的，在奖励活动中不得收取任何费用。

国务院科学技术行政部门应当对社会力量设立科学技术奖的有关活动进行指导服务和监督管理，并制定具体办法。

第三十八条　本条例自 2020 年 12 月 1 日起施行。

# 附录 5 《省、部级科学技术奖励管理办法》

## 省、部级科学技术奖励管理办法

第一条 为了规范省、部级科学技术奖励的设立和备案工作，加强对省、部级科学技术奖励工作的管理和指导，根据《国家科学技术奖励条例》，制定本办法。

第二条 省、部级科学技术奖应当制定公平、公开、公正的评审规则，建立科学的评价指标，严格规范推荐、评审、授奖程序，保障科学技术奖励的科学性、公正性和权威性，保证科学技术奖励的质量和水平。

第三条 省、自治区、直辖市人民政府可以设立一项省级科学技术奖（以下称省级科学技术奖）。省级科学技术奖可以分类奖励在科学研究、技术创新与开发、推广应用先进科学技术成果以及实现高新技术产业化等方面取得重大科学技术成果或者做出突出贡献的个人和组织。

省、自治区、直辖市人民政府所属部门不再设立科学技术奖。

第四条 省级科学技术奖励数额由省、自治区、直辖市人民政府根据本地区科技、经济、社会发展状况确定，应当严格控制奖励数额。

第五条　省级科学技术奖根据本地区实际情况，可以自行设立奖励等级。

第六条　省、自治区、直辖市人民政府可以成立以科学技术专家、学者为主的省级科学技术奖评审机构，负责评审工作。省、自治区、直辖市科学技术行政部门负责评审的组织工作和日常管理工作。

第七条　中央、国务院各部委所属的科研院所、大专院校、企业等完成的科学技术成果及其完成人，可以在成果实施应用地或者本机构所在地参加省级科学技术奖的评审。省级科学技术奖的管理部门和评审机构应当积极受理、公正评审。

第八条　省级科学技术奖应当实行异议制度，接受社会监督。

第九条　省级科学技术奖由省、自治区、直辖市人民政府颁发获奖证书和奖金。

省级科学技术奖的奖励经费由地方财政列支。

第十条　省级科学技术奖的推荐、评审、授奖的经费管理，按照国家有关规定执行。

第十一条　根据国防、国家安全的特殊情况，国防科学技术工业委员会、公安部、国家安全部可以设立部级科学技术奖。部级科学技术奖的奖励范围只涉及国防和国家安全，并由于国家安全和保密不能公开的项目。

民用项目不属于部级科学技术奖的奖励范围。上述部门所属单位完成的民用项目可以参照本办法第七条的规定推荐省级科学技术奖。

中国人民解放军有关科学技术奖奖励办法可以参照本办法自行

制定。

国务院所属其他部门不再设立部级科学技术奖。

第十二条　省、自治区、直辖市和中央、国务院其他部门所属单位完成的涉及国防、国家安全的项目，按项目所属专业领域向本办法第十一条规定的部门推荐部级科学技术奖。部级科学技术奖的管理部门和评审机构应当积极受理、公正评审。

第十三条　部级科学技术奖实行异议制度，并按照有关保密规定，在适当范围内征求意见。

第十四条　部级科学技术奖的其他工作，可以参照本办法有关省级科学技术奖的条款执行。

第十五条　科学技术部负责省、部级科学技术奖的备案审查工作。

设立省、部级科学技术奖的具体办法应当按有关规定报科学技术部备案。

科学技术部在备案审查中，发现省、部级科学技术奖的设立、评审等与有关法律、行政法规相抵触、违背或者有矛盾的，可以责成制定机关进行修改，或者依照法律规定的权限，提请有关机关予以改变或者撤消。

第十六条　省、部级科学技术奖的奖励情况，应当以年报形式报送国家科学技术奖励工作办公室。

第十七条　本办法自发布之日起施行。

# 附录6 《社会力量设立科学技术奖管理方法》

## 社会力量设立科学技术奖管理办法

### 第一章 总 则

第一条 为了鼓励社会力量支持科学技术事业,加强对社会力量设立科学技术奖(以下简称社会力量设奖)的规范管理,根据《国家科学技术奖励条例》(以下简称条例),制定本办法。

第二条 本办法适用于社会力量设奖的申请、受理、登记和监督管理。

第三条 本办法所称社会力量设奖是指国家机构以外的社会组织或者个人(以下简称设奖者)利用非国家财政性经费,在中华人民共和国境内面向社会设立的经常性的科学技术奖。

本办法所称经常性是指社会力量设立的科学技术奖应当按照一定的周期连续进行相关授奖活动,奖励周期的间隔最长不得超过三年,且授奖活动开展次数不得少于三个周期。

本办法所称科学技术奖是指以在科学研究、技术创新与开发、科技成果推广应用、实现高新技术产业化、科学技术普及等方面取得成果或者做出贡献的个人、组织为奖励对象而设立和开展的奖励活动。

第四条　社会力量设奖实行登记管理制度。社会力量设立面向社会的科学技术奖，应当依照本办法的规定进行登记。

第五条　社会力量设奖必须遵守宪法、法律、法规、规章，不得违背社会公德。社会力量设奖应当符合国家科学技术政策，有利于促进我国科学技术进步和经济、社会的协调发展。

第六条　经登记的社会力量设奖及其承办机构、评审组织在中国境内享有依法开展科学技术奖励活动和在公开出版物、媒体上如实进行宣传报道的权利，任何组织和个人不得非法干涉。

第七条　社会力量设奖应当实行物质奖励与精神奖励相结合的奖励方式。

第八条　社会力量设奖应当坚持公平、公正的评审原则，建立科学、民主的评审程序，实行公开授奖制度。

第九条　社会力量设奖是我国科技奖励体系的重要组成部分。各级人民政府对社会力量设奖应当大力支持、积极引导、规范管理，保证社会力量设奖的有序运作。

第十条　科学技术部主管全国社会力量设奖工作。国家科学技术奖励工作办公室负责日常工作。

第十一条　科学技术部和省、自治区、直辖市科学技术行政部门是社会力量设奖的登记管理机关。

科学技术部负责下列社会力量设奖的登记管理工作：（一）面向全国的科学技术奖；（二）跨国境的科学技术奖；（三）跨省级行政区域的科学技术奖。

社会力量设立的地方性科学技术奖，由所在省、自治区、直辖市科学技术行政部门负责登记管理，并报科学技术部备案。

## 第二章 申请与受理

第十二条 申请设立科学技术奖，申请人应当向登记管理机关提交下列材料：

（一）申请报告；（二）奖励办法或者章程草案；（三）设奖者的基本情况及证明文件；（四）承办机构及其负责人的情况、证明文件；（五）评审组织组成人员情况；（六）办公场所使用权证明；（七）奖励经费及其来源证明；（八）登记管理机关要求提供的其他材料。

申请人应当如实向登记管理机关提交申请材料和反映真实情况，并对其申请材料实质内容的真实性负责。

第十三条 科学技术部负责登记管理的社会力量设奖，由国家科学技术奖励工作办公室统一受理申请。各省、自治区、直辖市科学技术行政部门可以依照本办法确定面向本行政区域的社会力量设奖申请的受理机构及受理办法。

第十四条 登记管理机关应当对申请人提交的申请材料进行形式审查。对于申请材料不齐全或者不符合形式审查要求的，应当当场或者在五个工作日内一次告知申请人需要补正的全部内容。逾期未告知的，自收到申请材料之日起即为受理。申请材料齐全、符合形式审查要求，或者申请人按照要求提交全部补正申请材料的，发给《受理通知书》。《受理通知书》应当加盖受理专用章并注明受理日期。

第十五条 有下列情形之一的，不属于本办法规定的登记范围：（一）国家机构单独或者与其他组织、个人联合申请设立的奖励；（二）与科学技术无关的奖励；（三）支付给科技人员的劳务报酬或者知识产权报酬；（四）对科技人员的劳动表彰性质的奖励；（五）

不属于本办法规定登记范围的其他情形。

第十六条 社会力量设奖应当有与其科学技术奖励活动相适应的资金规模和资金来源，并应当符合以下规定：

（一）资金来源必须合法，不得利用国家财政性经费或者银行贷款；（二）必须用于奖励办法或者章程规定的科学技术奖励活动；（三）资金的使用必须与出资者相对独立。

建立科学技术奖励基金的，应当同时符合《基金会管理条例》的有关规定。

第十七条 设奖者可以委托公益性社会团体或者公益性非营利的事业单位作为承办机构，具体负责所设奖项的日常管理、组织评审等相关活动。接受委托的承办机构应当具备开展相应科学技术奖励活动的条件和能力。

社会力量设奖需要成立基金管理组织的，在领取《中华人民共和国社会力量设立科学技术奖登记证书》后，按照国家有关规定办理。

境外社会组织或者个人在中华人民共和国境内设立的科学技术奖，必须委托在中华人民共和国境内设立的承办机构负责承办。

第十八条 社会力量设奖的名称应当科学、确切，与其设奖宗旨相符，与设奖者的性质和奖项规模相适应。

社会力量设奖的名称一般应当同时包含以下内容：（一）机构名称、人物姓名、企业字号或者地域名称；（二）行业、专业或者领域名称；（三）类别名称。

第十九条 社会力量设奖的名称不得与在先登记的其他社会力量设奖名称相同，并不得使用与国家科学技术奖或者国际知名的科学技术奖相同或者近似的名称。

凡存在冠名争议的,在争议处理完毕之前不得申请登记。

第二十条　社会力量设立的科学技术奖,奖励名称不得冠以"中国"、"中华"、"全国"、"国家"、"国际"、"世界"等字样。

名称中带有"中国"、"中华"、"全国"、"国家"、"国际"、"世界"等字样的设奖者,在其社会力量设奖的名称中使用该字样的,应当使用设奖者的全称。

第二十一条　社会力量设立的科学技术奖可以使用自然人的姓名进行命名,但是不得违反法律的禁止性规定,不得违背社会公德。

使用党和领导人姓名命名的,设奖者应当按照国家有关规定获得有关部门的批准文件,在申请登记时一并提交。

## 第三章　审查与登记

第二十二条　登记管理机关应当自受理申请之日起二十个工作日内完成审查,并作出行政许可决定。二十个工作日内不能作出决定的,经登记管理机关负责人批准,可以延长十个工作日,并将延长期限的理由告知申请人。

登记管理机关在作出行政许可决定前,可以聘请专家对申请材料进行评审,所需时间不计算在前款规定的期限内。

第二十三条　有下列情形之一的,登记管理机关不予登记:(一)不属于本办法规定的社会力量设奖登记范围的;(二)设奖者不能证明其奖励经费来源合法,或所提供的经费不足以维持奖励活动正常开展的;(三)奖励对象或者范围涉及国防、国家安全等保密事项的;(四)设奖者、承办机构负责人因犯罪被判处剥夺权利正在执行期间或者曾经被判处剥夺权利,或者不具有完全民事行为能力的;(五)在中华人民共和国境内没有具体承办机构的;(六)违反法律法规以及本办法的其他情形。

第二十四条　登记管理机关依法作出不予受理或者不予登记的书面决定，应当说明理由，并告知申请人享有依法申请行政复议或者提起行政诉讼的权利。

第二十五条　登记管理机关作出准予登记决定的，应当自作出决定之日起十个工作日内向申请人颁发《中华人民共和国社会力量设立科学技术奖登记证书》。

社会力量设奖登记的事项包括：名称、住所、类型、宗旨、奖励活动的范围、奖励经费数额、奖励活动周期等。

第二十六条　准予登记的社会力量设奖，应当在科学技术部门户网站、国家科学技术奖励网站或者登记管理机关指定的其他报刊、媒体上公布，供公众查阅。

## 第四章　延续、变更与注销

第二十七条　《中华人民共和国社会力量设立科学技术奖登记证书》的有效期为三年。

社会力量设奖需要延续的，应当在有效期届满三十日前向原登记管理机关提出延续申请。登记管理机关应当在登记有效期届满前作出是否准予延续的决定；逾期未作决定的，视为准予延续。每次延续的有效期为三年。

有效期届满未延续的，由登记管理机关依法予以注销。

第二十八条　已登记的社会力量设奖有下列情形之一的，应当向登记管理机关申请办理变更登记手续：

（一）更改奖励名称；

（二）更换设奖者；

（三）更换承办机构或者变更承办机构法人登记事项；

（四）变更办公场所；

（五）修改奖励办法或章程。

第二十九条　登记管理机关收到变更申请后，应当对变更事项进行审查。对于符合法定条件的，应当在收到变更申请之日起二十个工作日内依法办理变更登记。

变更事项属于本办法第二十八条第一至第四项规定之一的，登记管理机关审查批准后应当重新核发《中华人民共和国社会力量设立科学技术奖登记证书》。

第三十条　社会力量设奖由于下列原因终止科学技术奖励活动的，应当向登记管理机关申请注销登记，并交回《中华人民共和国社会力量设立科学技术奖登记证书》和有关印章：

（一）完成社会力量设奖章程规定宗旨的；（二）自行解散的；（三）分立、合并的；（四）由于其他原因终止的。

第三十一条　社会力量设奖在办理注销登记前，应当在登记管理机关和其他相关部门的指导下成立清算组织，完成清算工作。

社会力量设奖应当自清算结束之日起十五个工作日内向登记管理机关申请办理注销登记；在清算期间不得开展清算以外的活动。

第三十二条　社会力量设奖延续、变更、注销的情况，由登记管理机关按照本办法第二十六条的规定予以公告。

## 第五章　监督与管理

第三十三条　登记管理机关负责对社会力量设奖及其承办机构、评审组织进行监督检查。

第三十四条　社会力量设奖及其承办机构、评审组织应当严格按照登记的奖励对象及范围开展活动。

第三十五条　社会力量设奖及其承办机构开展科技奖励活动，应当向社会公布所开展的奖励范围、对象、项目种类以及申请、评审程序等必要信息。

第三十六条　社会力量设奖在评审和奖励活动中不得向候选人或者候选单位收取任何费用。

第三十七条　社会力量设奖在推荐和授奖之前，应事先征得候选人、候选单位或候选项目完成人、完成单位的同意。

第三十八条　凡涉及国防、国家安全领域的保密项目及其完成人，不得申报、推荐参加社会力量设奖的评审。

已解密或者不保密的国防、国家安全领域的项目及其完成人申报、推荐参加社会力量设奖的评审，应当按照国家有关保密法律、法规规定进行审查，并经省、军级以上主管部门批准同意。

第三十九条　参与社会力量设奖及其评审的组织和个人，不得以任何方式泄露、窃取候选人和候选单位的技术秘密、剽窃其科技成果。

第四十条　经登记的社会力量设奖应当于每次科学技术奖励授奖活动后一个月内向登记管理机关报送该次奖励活动的工作报告，接受监督检查。

工作报告内容应当包括：开展奖励等活动的情况、奖励经费开支情况以及人员和机构的变动情况等。

## 第六章　法律责任

第四十一条　社会力量设奖及其承办机构、评审组织有下列情形之一的，由登记管理机关视情节轻重给予警告、责令改正、限期停止活动、撤销登记等处罚。构成犯罪的，依法追究刑事责任。

（一）涂改、倒卖、出租、出借《中华人民共和国社会力量设立科学技术奖登记证书》或者印章的；

（二）超出章程规定的宗旨和范围进行活动的；

（三）自取得《中华人民共和国社会力量设立科学技术奖登记证书》之日起两年内未开展科学技术奖励活动的；

（四）无正当理由停止科学技术奖励授奖活动连续两次以上的；

（五）非法筹集或不正当使用奖励经费和资金的；

（六）夸大宣传并带有欺骗性的；

（七）有其他违法行为的。

第四十二条 社会力量设奖在申请登记时弄虚作假、骗取登记的，由登记管理机关依法予以撤销，收回《中华人民共和国社会力量设立科学技术奖登记证书》和有关印章。

第四十三条 社会力量未经登记，擅自设立面向社会的科学技术奖，或被依法撤销登记后仍继续进行评审、奖励活动的，由登记管理机关根据《条例》第二十三条第一款的规定予以取缔，并在相关媒体上予以公告。

第四十四条 社会力量经登记设立面向社会的科学技术奖，在科学技术奖励活动中收取费用的，由登记管理机关根据《条例》第二十三条第二款的规定，没收其所收取的费用，并处以所收取费用的1倍以上3倍以下的罚款；情节严重的，撤销登记。

第四十五条 登记管理机关的工作人员滥用职权、徇私舞弊、玩忽职守的，由所在单位或者上级主管部门给予行政处分；构成犯罪的，依法追究刑事责任。

## 第七章　附　则

第四十六条　《中华人民共和国社会力量设立科学技术奖登记证书》由科学技术部统一印制。

第四十七条　本办法自发布之日起施行。

# 附录7 《科技部关于进一步鼓励和规范社会力量设立科学技术奖的指导意见》

科技部关于进一步鼓励和规范社会力量设立科学技术奖的指导意见

国科发奖〔2017〕196号

国务院各有关部门、各有关直属机构，中国科协，各省、自治区、直辖市及计划单列市科技厅（委、局），新疆生产建设兵团科技局，各有关单位：

社会力量设立科学技术奖（以下简称社会科技奖励）是指社会组织或个人利用非国家财政性经费，在中华人民共和国境内设立，奖励为促进科技进步做出突出贡献的个人或组织的科学技术奖。为贯彻《中共中央 国务院关于深化科技体制改革加快国家创新体系建设的意见》精神，按照中共中央办公厅、国务院办公厅印发的《深化科技体制改革实施方案》和《国务院关于取消和下放一批行政审批项目等事项的决定》（国发〔2013〕19号）的要求，依据《中华人民共和国科学技术进步法》和《国家科学技术奖励条例》，现就进一步鼓励和规范社会科技奖励提出如下指导意见。

## 一、指导思想和总体目标

（一）指导思想。紧密团结在以习近平同志为核心的党中央周围，高举中国特色社会主义伟大旗帜，全面贯彻党的十八大和十八届三中、四中、五中、六中全会精神，深入贯彻习近平总书记系列重要讲话精神和治国理政新理念新思想新战略，统筹推进"五位一体"总体布局和协调推进"四个全面"战略布局，牢固树立和贯彻落实创新、协调、绿色、开放、共享的发展理念，紧紧围绕实施创新驱动发展战略，鼓励和规范社会力量设立科学技术奖，构建既符合科技发展规律又适应我国国情的社会科技奖励制度，充分发挥社会科技奖励在激励自主创新中的积极作用，为推动科技进步和经济社会协调发展，建成创新型国家和世界科技强国注入正能量。

（二）总体目标。探索建立信息公开、行业自律、政府指导、第三方评价、社会监督、合作竞争的社会科技奖励发展新模式；引导社会力量设立定位准确、学科或行业特色鲜明的科技奖，规范社会科技奖励的运行，努力提高社会科技奖励的整体水平；鼓励若干具备一定资金实力和组织保障的奖励向国际化方向发展，培育若干在国际上具有较大影响力的知名奖励。

（三）基本原则

1. 坚持依法办奖。设立社会科技奖励的组织或个人必须遵守宪法、法律、法规、规章，遵守我国科学技术政策和人才政策。所设奖励应符合社会公德和科学伦理，有利于科学技术进步和人类社会的发展。所设奖励不得泄露国家秘密、危害国家安全。

2. 坚持公益为本。社会科技奖励应坚持公益性、非营利性原则，坚持以促进学科发展或行业科技进步为目的，严禁商业炒作行为，不得使用国家财政性经费，不得以任何形式收取或变相收取评选对象的任何费用。

3. 坚持诚实守信。社会科技奖励应加强自律、诚实守信，如实向社会公开奖励相关信息，不得进行虚假宣传，不得仅使用简称或擅自变更奖励名称，误导社会公众。

## 二、设立和运行

（一）社会力量设立科学技术奖应当按照一定的周期连续开展授奖活动并具备以下条件：

1. 设奖者具备完全民事行为能力；
2. 承办机构是独立法人；
3. 资金来源合法稳定；
4. 规章制度科学完备；
5. 评审组织权威公正。

（二）承办机构是社会科技奖励的责任主体，应熟悉奖励所涉学科或行业领域发展态势，具备开展奖励活动的能力，并配备人力资源和开展奖励活动的其他必要条件。

境外的组织或个人单独或联合国内社会力量在我国境内设立社会科技奖励，须遵守我国对境外组织或个人在境内活动的相关法律法规，并委托我国境内法人机构承办。

（三）奖励名称应当确切、简洁，不得冠以"中国"、"中华"、"全国"、"国家"、"国际"、"世界"等字样。带有"中国"、"中华"、"全国"、"国家"、"国际"、"世界"等字样的组织设奖并在奖励名称中使用组织名称的，应当使用全称。不得使用与国家科学技术奖、省部级科学技术奖或其他已经设立的社会科技奖励、国际知名奖励相同或者容易混淆的名称。

（四）社会科技奖励须制订奖励章程并明确以下事项：

1. 明确奖励名称、设奖目的、设奖者、承办机构、资金来源等基本信息。

2. 明确奖励范围与对象，重点奖励重大原创成果、重大战略性技术、重大示范转化工程的突出贡献者，重点鼓励青年科技人员。

3. 科学设置奖项，明确评审标准、评审程序及评审方式；设立奖励等级的，一般不超过三级。

4. 明确奖励的受理方式，鼓励实行候选人第三方推荐制度。

5. 明确授奖数量和奖励方式，鼓励实行物质奖励与精神奖励相结合的奖励方式。授奖前须征得授奖对象的同意。

6. 明确争议处理方式和程序，妥善处理争议。

（五）社会科技奖励要坚持公平公正公开的原则，设立由本学科或行业权威专家组成的专家委员会。评审专家独立开展奖励评审工作，不受任何组织或者个人干涉。

（六）社会科技奖励应当在相对固定的网站如实向全社会公开奖励相关信息，包括奖励名称、奖励章程、资金来源、设奖时间、设奖者、承办机构及其负责人、联系人及联系方式等，及时公开每一周期的奖励进展、获奖名单等动态信息。

（七）承办机构应自觉履行维护国家安全的义务，凡涉及关键技术、生物安全、人文伦理等有关国家安全和社会高度敏感领域的奖励，应当向科学技术行政部门报告，经科学技术行政部门核准后方可开展奖励活动。

## 三、监督和管理

（一）面向全国或跨国境的社会科技奖励由科学技术部负责监管和指导，国家科学技术奖励工作办公室负责日常工作；区域性社会科技奖励由承办机构所在省、自治区、直辖市科学技术行政部门负责监管和指导。

各级科技行政部门要定期组织对所监管的社会科技奖励进行工作检查。

（二）社会科技奖励设立后，设奖者或承办机构应在3个月内向科学技术行政部门书面报告，并按照要求提供真实有效的材料。如遇变更奖励名称、设奖者、承办机构、办公场所或修改奖励章程等重大事项，应于变更事项发生后1个月内书面向科学技术行政部门报告。

（三）鼓励专业化的第三方机构对社会科技奖励进行科学合理、信息公开的评价，逐步建立科学公正的社会科技奖励第三方评价制度。

（四）畅通举报渠道，鼓励新闻媒体、社会公众对社会科技奖励进行监督。对于奖励管理、评审结果等出现争议并引发不良影响的奖励责令限期整改；对于不及时整改或存在其他造成不良社会影响情况的，予以警告批评；对于存在违规收费、虚假宣传等严重违反设奖基本原则行为的，予以公开曝光；对于存在违法行为的，通报有关部门依法查处并坚决予以取缔。

（五）建立安全审查制度。对涉及国家安全或社会高度敏感领域的奖励，科学技术行政部门须组织专家进行安全性审查，也可会商有关部门联合审查，提出安全审查意见，并定期组织安全风险评估。

## 四、服务和扶持

（一）积极落实相关政策，规范社会科技奖励的设立和运行；引导民间资金支持科技奖励活动，帮助社会科技奖励拓宽资金渠道；鼓励有条件的奖励建立奖励专项基金，实行基金化运作。

（二）强化对社会科技奖励的业务指导。重点加强政策咨询服务，在制定奖励章程、优化评审程序、专家库建设等方面提供必要的业务帮扶，推动社会科技奖励的规范化发展。

（三）建立统一的社会科技奖励信息公开平台，及时发布科技奖励相关政策并提供必要的咨询服务，公布社会科技奖励信息及变更情况，公开奖励评审进展，接受监督举报，曝光社会科技奖励违规行为。

（四）建立社会科技奖励规范化和常态化的宣传报道机制，对运行规范、社会影响力大、业内认可度高的奖励进行重点宣传或专题报道，营造尊重劳动、尊重知识、尊重人才、尊重创造的良好氛围，提高社会科技奖励的整体水平。

本意见颁布后，各级科学技术行政管理部门要结合实际，因地制宜制订相关规定。新设立的奖励要严格按照本意见执行。已经设立的奖励，要抓紧对照检查，对不符合本意见要求的要及时整改。

科 技 部

2017 年 7 月 7 日

# 附录 8　部分国外科普奖项网址

### 附表 8-1　部分国外科普奖项网址

| 序号 | 奖项名称 | 网址 |
|---|---|---|
| 1 | 美国科学促进会 KAVLI 科学新闻奖<br>（AAAS Kavli Science Journalism Awards） | https://sjawards.aaas.org |
| 2 | 美国科学促进会"事业起步公众参与科学奖"<br>（AAAS Early Career Award for Public Engagement with Science） | https://www.aaas.org/awards/early-career-public-engagement/about |
| 3 | 美国科学促进会"公众参与科学奖"<br>（AAAS Mani L. Bhaumik Award for Public Engagement with Science） | https://www.aaas.org/page/mani-l-bhaumik-award-public-engagement-science |
| 4 | 美国国家研究院传播奖<br>（National Academies Communication Awards） | http://www.keckfutures.org/site/PageServer?pagename=NAKFI_Communications_nominations_2_2_2009 |
| 5 | 美国国家科学委员会"公共服务奖"<br>（National Science Board Public Service Award） | https://www.nsf.gov/nsb/awards/public.jsp |
| 6 | 美国科学作家协会"社会科学新闻奖"<br>（Science in Society Journalism Awards） | https://www.nasw.org/awards/sis |
| 7 | 美国科学促进会的斯巴鲁 SB&F 优秀科学图书奖<br>（AAAS/Subaru SB&F Prize for Excellence in Science Books） | https://www.sbfprize.org |

续表

| 序号 | 奖项名称 | 网址 |
| --- | --- | --- |
| 8 | 美国科学教师协会的青少年优秀科学图书奖<br>（Outstanding Science Trade Books for Students K-12） | https://www.businesswire.com/news/home/20201123005250/en/NSTA-Announces-2021-List-of-Top-Science-Trade-Books-for-K-12-Students |
| 9 | 美国科学作家协会"社会科学奖"<br>（Science in Society Journalism Awards） | https://www.scientificamerican.com |
| 10 | 美国图书馆协会的"罗伯特·F·塞伯特信息图书奖章"<br>（Robert F. Sibert Informational Book Medal） | http://www.ala.org/awardsgrants/robert-f-sibert-informational-book-medal |
| 11 | 美国大学优等生荣誉学会科学图书奖<br>（The Phi Beta Kappa Award in Science Book Award） | https://pbk.fsu.edu |
| 12 | 美国图书馆协会的STS奥伯利农业或自然科学书目奖<br>（STS Oberly Award for Bibliography in the Agricultural or Natural Sciences） | http://www.ala.org/awardsgrants/sts-oberly-award-bibliography-agricultural-or-natural-sciences-0 |
| 13 | 华盛顿儿童图书协会非小说奖<br>（Children's Book Guild Nonfiction Award） | https://www.childrensbookguild.org/nonfiction-award |
| 14 | 美国笔联的笔文学奖<br>（The PEN Literary Awards） | https://www.greenapplebooks.com/2020-pen-america-literary-awards |
| 15 | 美国科学教师协会"法拉第科学传播人士奖"<br>（Faraday Science Communicator Award） | https://www.nsta.org/awards-and-recognition-program#faraday |
| 16 | 美国科学教师协会"杰出非正式科学教育奖"<br>（Distinguished Informal Science Education Award） | https://www.nsta.org/awards-and-recognition-program#faraday |
| 17 | 美国国家海洋和大气局"科学传播人士奖"<br>（NOAA Science Communicator Award） | http://researchmatters.noaa.gov/news/Pages/RussellSchnell.aspx |
| 18 | 美国物理联合会"安德鲁·格门特奖"<br>（Andrew Gemant Award） | https://www.aip.org/aip/awards/gemant-award |

续表

| 序号 | 奖项名称 | 网址 |
| --- | --- | --- |
| 19 | 美国物理联合会"科学传播奖"（Science Communication Awards of the American Institute of Physics） | https://www.aip.org/aip/awards/science-communication |
| 20 | 美国物理教师协会"克劳普施泰格纪念奖"（Klopsteg Memorial Award） | http://www.aapt.org/Programs/awards/klopsteg.cfm |
| 21 | 美国化学学会"向公众阐释化学——詹姆斯奖"（James T. Grady-James H. Stack Award for Interpreting Chemistry for the Public） | https://pubs.acs.org/doi/10.1021/cen-09401-awards1005 |
| 22 | "美国数学联合政策委员会传播奖"（JPBM Communications Award） | http://www.ams.org/prizes-awards/palist.cgi |
| 23 | 美国科学学会主席团理事会"卡尔·萨根公众理解科学奖"（Carl Sagan Award for Public Understanding of Science） | http://thecssp.us/awards/saganaward |
| 24 | 美国天文学会"卡尔·萨根奖"（Carl Sagan Medal） | https://dps.aas.org/prizes/sagan |
| 25 | Wonderfest"卡尔·萨根科普奖"（Carl Sagan Prize for Science Popularization） | http://www.templetonprize.org/previouswinner.html#top |